微电子与集成电路技术丛书

仿生偏振光罗盘信息处理技术

赵东花 | 著

電子工業出版社
Publishing House of Electronics Industry
北京 • BEIJING

内 容 简 介

本书系统、全面地阐述了仿生偏振光罗盘信息处理技术。本书内容分为三部分：第一部分介绍仿生偏振光罗盘智能信息处理技术的研究背景与研究意义，分析基于大气偏振模式的定向方法，以及仿生偏振光罗盘定向误差处理方法，探讨组合系统信息处理的研究现状、发展趋势等；第二部分分析仿生偏振光罗盘的噪声成分、噪声对其定向精度的影响，并介绍了基于多尺度主成分分析、多尺度自适应时频峰值滤波等智能算法的去噪方法和仿生偏振光罗盘定向误差补偿技术；第三部分重点阐述容积卡尔曼滤波器及其改进方法在基于仿生偏振光罗盘的无缝组合定向系统中的应用，并提出非连续观测条件下的仿生偏振光罗盘的无缝组合定向模型，设计了基于神经网络的非连续观测算法。

本书可作为导航、制导与控制相关专业研究生教材，也可供相关工程技术人员和管理人员学习或培训使用。

图书在版编目（CIP）数据

仿生偏振光罗盘信息处理技术 / 赵东花著. —北京：电子工业出版社，2023.10
（微电子与集成电路技术丛书）

ISBN 978-7-121-45974-0

Ⅰ.①仿… Ⅱ.①赵… Ⅲ.①仿生—偏振光—罗盘—成像处理 Ⅳ.①TN911.73②TN965

中国国家版本馆 CIP 数据核字（2023）第 134120 号

责任编辑：刘志红（lzhmails@phei.com.cn）　　特约编辑：张思博
印　　刷：天津千鹤文化传播有限公司
装　　订：天津千鹤文化传播有限公司
出版发行：电子工业出版社
　　　　　北京市海淀区万寿路 173 信箱　邮编　100036
开　　本：720×1 000　1/16　印张：11.5　字数：215.3 千字
版　　次：2023 年 10 月第 1 版
印　　次：2023 年 10 月第 1 次印刷
定　　价：98.00 元

凡所购买电子工业出版社图书有缺损问题，请向购买书店调换。若书店售缺，请与本社发行部联系，联系及邮购电话：（010）88254888，88258888。

质量投诉请发邮件至 zlts@phei.com.cn，盗版侵权举报请发邮件至 dbqq@phei.com.cn。

本书咨询联系方式：（010）88254479，lzhmails@phei.com.cn。

PREFACE

前言

仿生偏振光导航基于生物利用大气偏振模式自主定向的原理，定向信号来自自然界，不受现代信息战干扰。该方法定位误差不随时间累积，对于解决卫星导航信息完全拒止、惯性导航系统单独工作所带来的误差易随时间累积的自主定向问题具有重大指导意义，成为导航技术发展的重要方向。国内外围绕这方面的科研工作开展得如火如荼。仿生偏振光罗盘在工作过程中受器件自身工作原理、工作环境等影响，如偏振角图像噪声、航向角数据噪声、仿生偏振光罗盘姿态角变化，以及遇到云层、隧道、楼宇等遮挡导致仿生偏振光罗盘短暂不可用，这些都会导致输出信息存在误差，从而严重降低其定向精度和健壮性，因此进行仿生偏振光罗盘的信息处理技术研究十分必要。在著书过程中，笔者总结了自己多年来在仿生偏振光罗盘信息处理方面的技术积累，并在书中进行详细阐述。内容主要包括仿生偏振光罗盘噪声处理方法，如偏振角图像和航向角数据噪声分析与处理、仿生偏振光罗盘定向误差建模与补偿、基于仿生偏振光罗盘的无缝组合定向方法等，还详细介绍了基于大气偏振模式的航向角测量方法等相关内容。

在著书过程中，笔者参考了部分兄弟院校的相关资料，并得到了中北大学省部共建动态测试技术国家重点实验室多位教授的指导与帮助，在此一并对相关人员表示感谢。

鉴于笔者水平有限，书中不足之处，恳请广大读者批评指正。

作　者

2022年12月

CONTENTS

第1章

绪　论

针对卫星导航信息完全拒止、惯性导航系统单独工作所带来的误差易随时间累积情况下的高精度强鲁棒无缝自主定向这一基础科学的瓶颈问题，借鉴生物学研究成果，通过对动物器官感知自然环境形成导航信息的机理和动物大脑内导航细胞处理信息的机制研究，将自然界的偏振光信息源转化为载体运动的航向信息。载体运动的航向信息具有全自主、抗干扰、测量误差不随时间累积等特点，可有效改善复杂环境条件下定向方法不足、定向精度不够和环境适应性不强的难题。

1.1 发展背景与研究意义

与惯性、卫星等现代定向方法相比，仿生偏振光定向方法基于昆虫导航原理，具有自主性强、隐蔽性好、可工作范围大、工作时间长等优点，且误差不随时间累积。仿生偏振光定向方法的定向信号来源于自然界，基本不受现代信息战干扰，但仿生偏振光罗盘在复杂环境条件下（如被云层、隧道、楼宇等遮挡）会出现短暂的不可用现象。因此，本书以六旋翼小型无人机执行低空无人值守任务为应用背景（图 1.1），针对小型无人机自主定向技术面临的挑战，

图 1.1　六旋翼小型无人机执行低空无人值守任务

基于自然界生物偏振光定向原理和多源信息融合算法开展仿生偏振光罗盘／惯导组合定向（误差处理）方法研究，对满足小型无人机自主定向需求进而提升其作战能力具有重要意义。

仿生偏振光罗盘／惯导组合导航方法作为一种新型高自主导航方法已成为导航技术发展的重要方向，对解决复杂陌生环境下自主导航问题具有重大指导意义，因此受到国内外研究人员的高度重视，相关研究工作也受到国内外政府、企业等不同层面的大力支持。下面分别从仿生偏振光定向方法、仿生偏振光罗盘定向误差处理方法、仿生偏振光罗盘／惯导组合定向方法三个方面对国内外研究动态进行梳理，并分析其发展趋势。

1.2 仿生偏振光定向方法

自然界中有许多生物能够利用大气偏振光进行定向，如蜜蜂、沙蚁和蜻蜓等昆虫能够在缺少显著参照物的情况下，经过复杂曲折的觅食过程，沿近乎直线路径返回数百米以外的巢穴。复眼是昆虫的主要视觉器官，其背部边缘区域（Dorsal Rim Area，DRA）是一小块朝向天空的区域，如图 1.2 所示，正是这部分区域的小眼对大气偏振光分布模式具有高度敏感性。

在大气偏振光分布特性与表征方法研究方面，国外早在 16 世纪就开展了相关研究工作。1669 年，丹麦物理学家 B. Erasmus 在一次试验中第一次发现了光的偏振现象，从此开拓了一门崭新的光学研究领域[1]。此后，法国学者 J. Babinet 和 K. Coulson、英国物理学家 D. Brewster 等在 F. Arago 研究的基础上对大气偏振光的形成原因、表征方式等进行了更深入的研究，进一步完善了大气偏振光的基础理论[2]。1870 年，英国科学家 Rayleigh（瑞利，原名 John Willam Strutt）研究了空气微小粒子对光的散射作用，在忽略复杂粒子多次散射的前提下，提出了经典的瑞利散射理论，为后来研究晴朗天气下大气偏振光分布模式提供了重要理论支持[3]。1908 年，德国物理学家 G. Mie 提出了基于球状粒子的多重光散射模型——米氏散射理论，该理论将大气偏振光单次散射研究推向了与真实散射模型更为相似

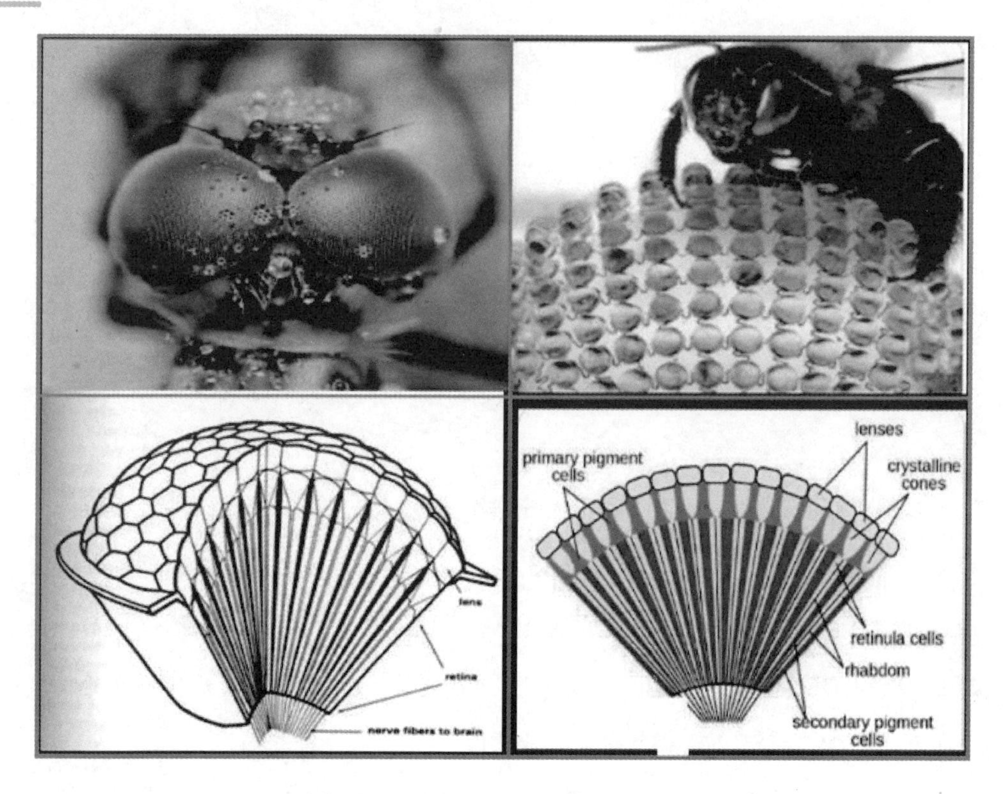

图 1.2 昆虫复眼结构及仿生复眼模型

的多次散射研究[4]。1982 年，瑞士苏黎世大学 Wehner 教授在瑞利散射理论的基础上提出了描述晴朗天气下大气偏振光分布模式的 Rayleigh 模型[5]。2017 年，荷兰阿姆斯特丹大学提出一种三维蒙特卡罗辐射传输程序（ARTES），用于（外）行星大气散射光模拟，以便研究三维大气不对称性如何影响偏振信号，以评估红外偏振法对行星质量伴星直接成像观测的潜力[6]。2021 年，美国加州理工学院利用偏振光谱和 O-2 近红外波段辐射测量系统对气溶胶剖面信息含量进行测量并评估了不确定度，结果表明高光谱分辨率辐射测量和偏振测量的加入不仅可减少所需视角数量，还可有效提高偏振和辐射信噪比、检测灵敏度[7]。

国内学者对大气偏振光分布与表征的研究起步较晚。2011 年，合肥工业大学高隽团队分别基于复球面映射与E矢量描述对大气偏振模式进行了表征与分析，并对微观瑞利散射下的大气偏振模式进行了建模仿真，提出了多次散射因素影响下天空偏振光模式的解析模型[8]。2013年，清华大学赵开春教授等设计了天空光偏振模式自动探测装置[9]。同年，大连理工大学褚金奎教授团队对太阳光与月光对曙暮光偏振模式的影响进行研究，证明太阳光偏振模式在曙暮光时分对天空偏振模式的形成起主要作用[10]。2014年，合肥工业大学张忠顺提出一种近180°视场的全斯托克斯（Stokes）矢量大气偏振模式测量系统[11]。2015年，合肥工业大学王子谦提出一种基于瑞利散射的大气偏振模式Stokes矢量建模方法并进行仿真，由此发现大气偏振模式Stokes矢量具有“十”字形分布形态[12]。2015年，中北大学刘俊教授团队开展了基于瑞利散射的大气偏振模式检测与模型重建研究，为后续开展偏振光导航应用与算法研究奠定了基础[13]。2018年，合肥工业大学范之国等通过分析大气偏振模式的宏观变化规律，提出大气偏振模式“∞”字形特征建模方法，从而提高偏振光导航的航向信息的可用性[14]；此外，该团队利用倾斜姿态坐标系与水平姿态坐标系的相对关系，设计出一种倾斜姿态下的大气偏振模式建模方法[15]。2021年，国家气象卫星中心重点实验室利用多角度遥感技术，即基于大气反射的偏振和各向异性，借助激光雷达和定向偏振相机，获得多角度纯强度信号和多角度偏振信号，用来反演气溶胶特性[16]。这些理论研究均为大气偏振模式的应用提供了依据。

由上可见，大气偏振光分布特性与表征方法（见图1.3）已得到国内外研究人员的广泛关注，大气偏振模式探测装置也已得到应用，面向复杂环境下的精确大气偏振光分布特性与表征方法成为目前的研究热点，拉开了利用天空偏振光信息进行自主导航的研究序幕。

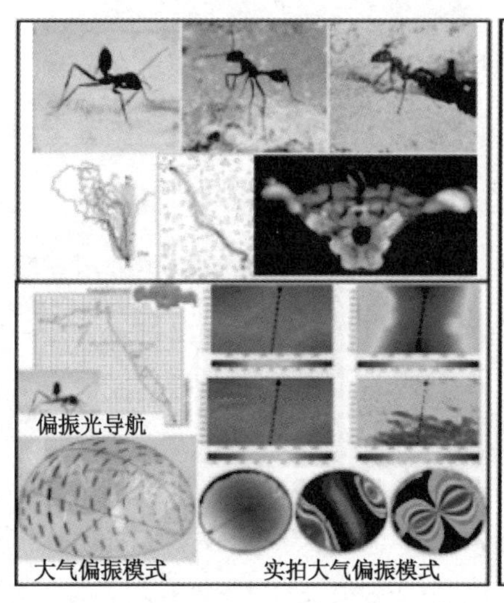

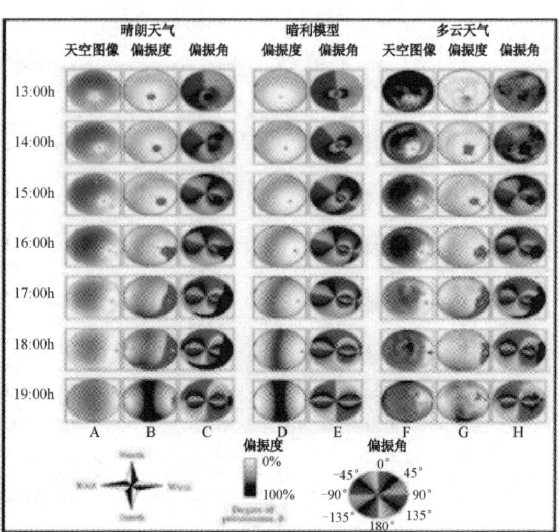

图 1.3 大气偏振光分布特性与表征方法

在基于大气偏振模式的仿生偏振光定向方面，瑞士苏黎世大学 Wehner 教授等在 1982 年及 1989 年通过研究如何从天空中的 E 矢量模式中导出蜜蜂天体图及视网膜中特殊部分（见图 1.4），模拟天空中的 E 矢量方向分布，从而利用天空中的偏振光模式作为罗盘进行导航[17,18]。随后，科学家对自然界的多种生物利用其视觉 / 大脑的偏振敏感神经元在白天 / 夜间及薄雾 / 云层等复杂陌生环境条件下的视觉感知、飞行引导、学习和记忆等方面做了大量研究。2001 年，瑞士苏黎世大学 Labhart 等发现蟋蟀视觉系统中的偏振敏感神经元（POL 神经元）能够整合天空中的大面积信息，通过滤除云层引起的偏振模式局部扰动，改善大气偏振信号质量并提高导航信息灵敏度[19]。2011 年，德国马尔堡大学进一步研究了蝗虫大脑的下行神经元和前胸神经节对偏振光的反应，以及利用大气偏振 E 矢量模式进行导航的机理[20]。

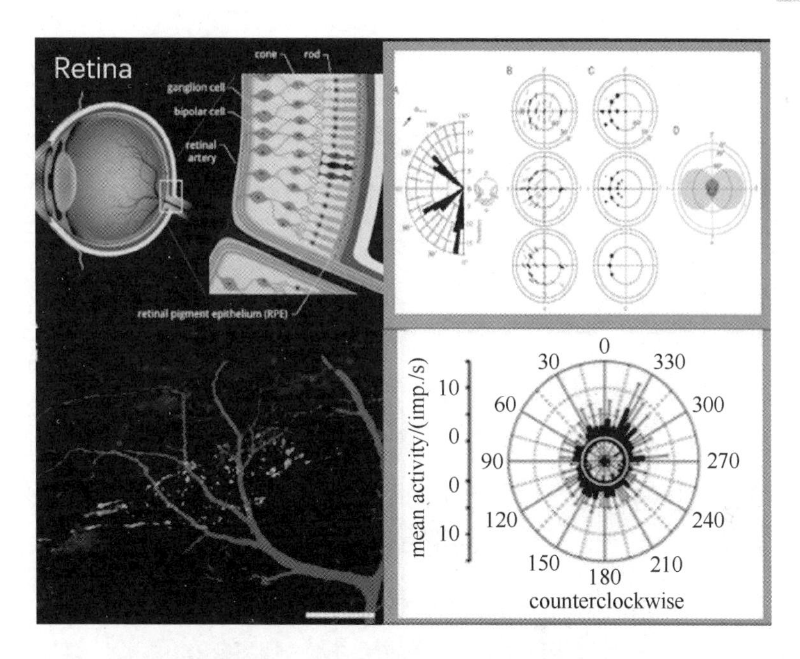

图 1.4　蜜蜂 POL 神经元及利用大气偏振模式导航

2015 年，英国布里斯托大学开展了人类肉眼偏振敏感特性表征研究工作，并开发了一种新的不同偏振度下仅由偏振对比度的光栅测量人体感知偏振光检下限的方法[21]。2019 年，德国柏林生物神经研究所对在不同偏振光角度下飞行的果蝇的航向选择机理开展了研究工作，结果发现这些行为反应具有波长特异性，即在偏振紫外线刺激下可以进行航向选择，而在偏振绿光刺激下则不可以进行航向选择，这些发现进一步为果蝇利用天象线索进行视觉导航和航向修正提供了证据[22]。2020 年，马里兰大学研究发现螳螂虾在觅食时能够基于太阳、头顶偏振模式和内部独特方向线索的层次化路径积分进行导航，成为迄今为止发现的第一条完全水下动物路径积分方法，为研究节肢动物和其他潜水动物导航行为的神经基础和改进导航方法开辟了新途径[23]。2021 年，瑞典隆德大学和加拿大西蒙菲莎大学分别就甲虫利用偏振光进行导航开展了研究工作，研究结果表明甲虫在白天和夜晚使用太阳、银河系和月球产生的偏振模式沿着固定方向运动：上午和下午利用太阳确定方向；中午利用风确定方向；在晚上或森林中，主要依靠偏振光维持直线路径[24,25]。

偏振光定向的良好应用前景同样引起了国内学者的广泛关注。2009 年，大连理工大学褚金奎教授团队根据仿生偏振光定向原理设计了一款新型仿生偏振测角传感器，提出了角度误差补偿算法，并将该导航传感器样机进行了室外移动机器人导航试验。随后，该团队于 2015 年设计了基于偏振光与 MEMS 陀螺的航向角测量系统，可为飞行控制提供精确的航向信息[26,27]。2013 年，合肥工业大学高隽教授团队也基于仿生原理开展了传感器设计研究工作，解决了偏振光导航测角歧义性问题，并提出基于大气偏振模式对称性检测方法和基于沙蚁 POL-神经元模型的航向角解算方法[28]。2014 年，中国人民解放军国防科技大学胡小平教授团队提出了一种角度误差校准方法，并对偏振光定向算法及误差进行了分析[29]。2016—2019 年，该团队分别基于动物大脑海马区导航机理和 RatSLAM 算法，先后提出了基于网格细胞模型 / 位置细胞模型和生物导航机理的仿生导航算法、多目偏振视觉导航方法、导航拓扑图构建方法、仿生偏振光定向方法[30–33]。2020 年，该团队提出了一种多云天气条件下根据已知信息建立任意一个像素点的大气偏振光定向模型与方法[34]。2015 年，中北大学刘俊教授团队提出了一种通过全天域大气偏振检测的航向角解算方法，以及一种通过大气偏振模式稳定性分布特征提取飞行器俯仰角和滚转角方法，并进行了试验验证[35]。2021 年，该团队为提高太阳子午线拟合精度，提出了一种先进行对称轴粗提取，接着进行连续旋转，再精确提取太阳子午线方法，最终使偏振定向系统精度得到了有效提升[36]。

从上述国内外研究进展情况可以看出，基于仿生偏振光传感器的定向测量在实验室条件下取得了良好结果（见图 1.5）。在上述研究的基础上，如何进一步提高其在实际应用过程中的定向精度成为仿生偏振光罗盘的重要研究方向。因此，开展仿生偏振光罗盘定向误差处理方法研究十分必要。

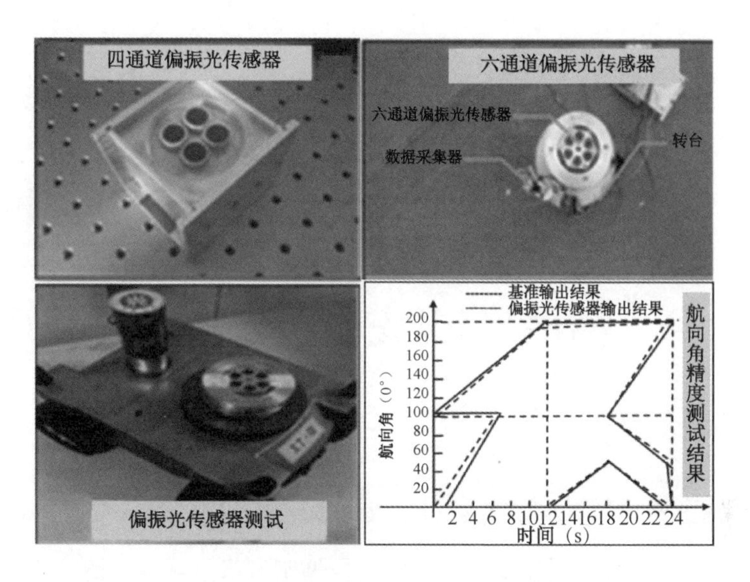

图 1.5 仿生偏振光传感器及其导航测试结果

1.3 仿生偏振光罗盘定向误差处理方法

目前，国内外对CMOS/CCD（Complementary Metal Oxide Semiconducter/Charge Coupled Device）图像传感器及图像本身噪声抑制方法进行了大量研究，而面向高精度、高自主导航能力要求所需的，更快速且能够实时解算航向信息的仿生偏振光罗盘定向误差处理方法与应用的相关研究则较少。

在国外，2007年，英国爱丁堡大学针对CMOS图像传感器噪声，使用公认理论和经验噪声模型，利用MATLAB程序编写了CMOS图像传感器噪声建模方法，并对该方法进行了仿真，验证了该方法在确定了各种噪声源的情况下对提高图像质量影响方面的有效性[37]。2013年，芬兰坦佩雷理工大学通过引入Anscombe变换的精确无偏逆变换，对噪声数据应用方差稳定变换后，利用高斯去噪算法对稳定变换后的数据进行去噪，最后对去噪后的数据应用逆方差稳定变换进行重建[38]。2016年，康萨特大学信息技术学院提出了一种基于离散小波变换（Discrete Wavelet Transformation，DWT）和经验分布函数（Empirical Distribution Functions，EDF）统计量的拟合优度（Goodness of Fit，GOF）统计检验CMOS图像去噪方法，通过一个零假设对应于噪声的存在，另一个假设表示被测图像样本中只存在期望信号，将去噪问题转化为一个假设检验问题[39]。2019年，康萨特大学电子工程系针对 CMOS/CCD 成像传感器噪声，提出一种基于检测理论和假设检验，并结合方差稳定变换的泊松噪声或泊松-高斯混合噪声去除方法[40]。2020 年，波兰格但斯克科技大学针对在时间模式下，大规模并行 CMOS 图像成像仪的固定模式噪声抑制和线性改善问题，提出了一种用于时间模式模数转换器增益和偏移校正的数字时钟停止技术，该技术对暗电流不均匀性噪声和光响应不均匀性噪声补偿至关重要[41]。2021 年，新加坡南洋理工大学通过在精确阵列乘法器中进行垂直或水平切割后再进行不同的输入和输出分配，设计出一种适用于数字图像去噪的近似阵列乘法器[42]。CMOS 图像采集系统及图像去噪结果如图 1.6 所示。

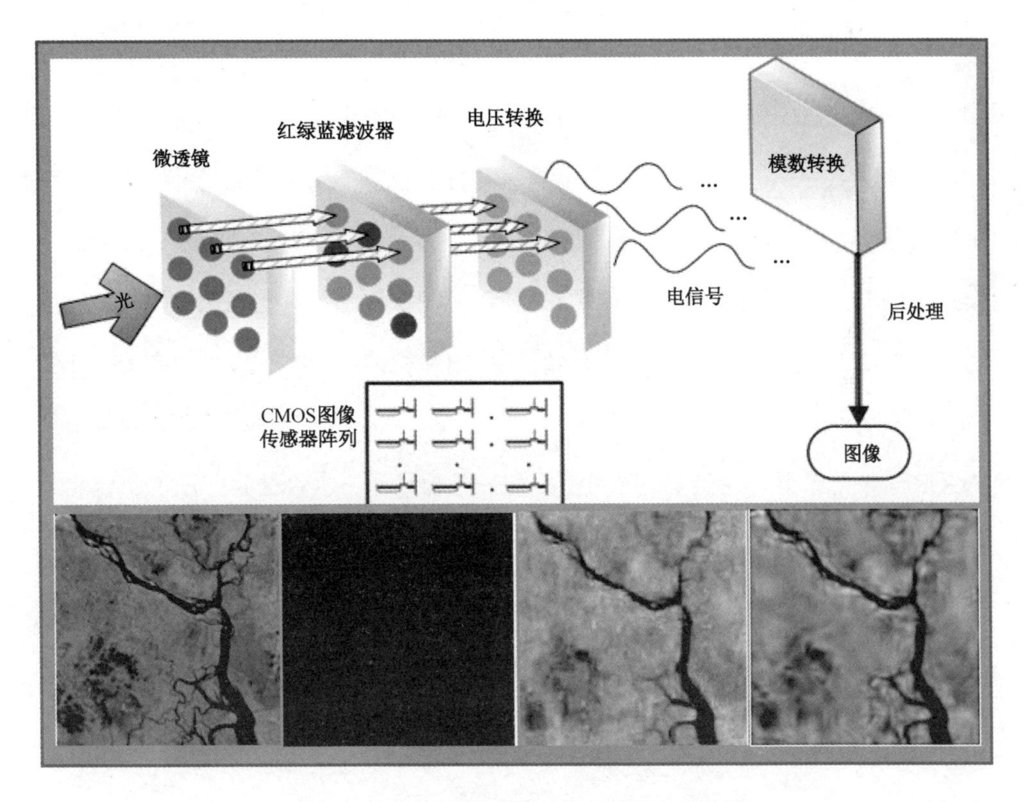

图 1.6　CMOS 图像采集系统及图像去噪结果

在国内，2010 年，天津大学采用总体最小二乘法对 COMS 图像传感器含有的乘性干扰噪声抑制方法进行了研究，并选择了四种典型的降噪算法（总体最小二乘法、块匹配与三维滤波、双边滤波和线性滤波）、三种典型的插补方法（双线性插补、自适应同质插补和凸集投影插补）进行去噪效果对比[43]。2011 年，该研究小组针对去马赛克噪声及去噪顺序不同对图像质量造成的影响进行了研究，并对图像和噪声进行有效监测和分析[44]。2017 年，哈尔滨工程大学通过分析 CMOS 图像传感器输出的灰度值数据，计算出不同曝光条件下的图像噪声，采用最小二乘拟合的平场校正方法校正固定模式噪声，再采用二次拟合解决固定模式噪声非线性问题[45]。2019 年，杭州电子科技大学利用 CMOS 图像传感器信号依赖噪声模型，针对传统图像降噪算法在抑制噪声的同时会减少有用信号信息问题，从信号功率和能量着手，针对信号依赖噪声这一特点（即不同灰度值受不同强度噪声影响），提出了一种基于图像分割的随机共振图像降噪算法和级联随机共振系统设计方法[46]。2020 年，天津大学针对 CMOS 图像传感器真实图像中的噪声，提出了一种基于三通道新损失函数和网络结构的卷积神经网络图像去噪方法，使卷积神经网络更适合用于去噪处理[47]。2021 年，北京理工大学针对自研的增强型 CMOS 图像传感器，提出了一种可变形核预测神经网络联合去噪方法[48]。台北大学针对低照度环境中采集或传输的图像中产生的噪声，提出了一种基于深度图像先验的模块、基于拉普拉斯金字塔分解的图像融合模块和渐进细化模块相结合改进的 CMOS 图像传感器噪声抑制和边缘增强算法[49]。图像去噪算法及噪声抑制效果图如图 1.7 所示。

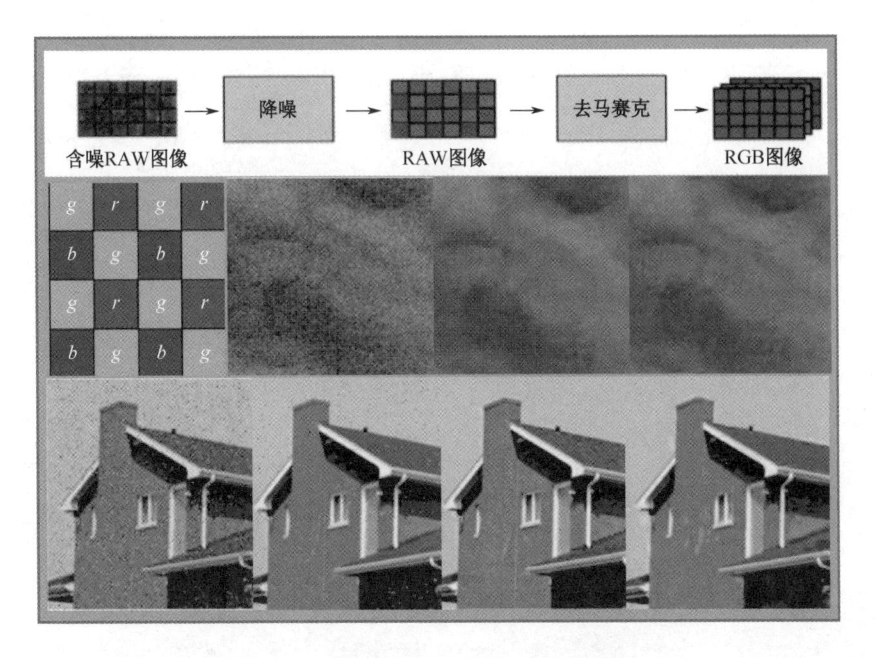

图 1.7 图像去噪算法及噪声抑制效果图

此外，在仿生偏振光罗盘定向误差处理方面，国防科技大学分别于 2014 年、2018 年和 2020 年，针对仿生偏振光罗盘易受天气、太阳位置、载体水平角等因素影响引起的误差进行了分析研究，分别提出了含有偏振模型误差的偏振光定向模型，以及像素化偏振芯片的仿生偏振光罗盘定向技术，并实现了载体水平时其定向误差为 0.323°，倾斜后误差增至 1.352°，车载试验定向精度优于 0.5° [50–52]。2018 年，合肥工业大学提出基于霍夫变换的大气偏振模式“∞”字形重构方法，提升了恶劣天气条件下的大气偏振模式重构能力[53]。同年，中国科技大学针对混浊大气影响偏振导航进行了研究，通过减小混浊大气对偏振光导航带来的误差，有效提高了定向精度[54]。2020 年，中北大学针对偏振光罗盘测得的偏振角图像中的噪声和罗盘在工作过程中倾角导致其定向精度显著降低问题，提出了一种基于方差稳定变换偏振图像去噪和高效极限学习机倾角误差补偿相结合的偏振罗盘航向误差处理方法，取得了显著的性能增益[55]。仿生偏振光罗盘定向误差处理方法及效果如图 1.8 所示。

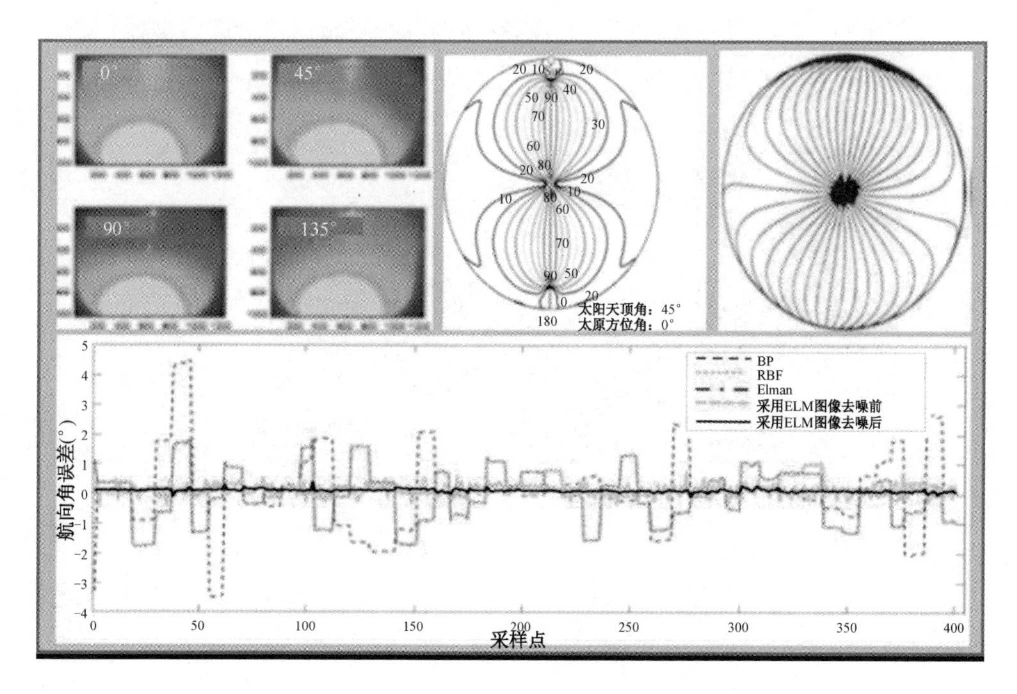

图 1.8　仿生偏振光罗盘定向误差处理方法及效果

综上所述，采用不同算法或者图像分割法抑制 COMS/CCD 图像传感器噪声的技术较成熟，这为仿生偏振光罗盘去噪研究工作提供了技术可行性。但是，本书研究的基于 FPGA 硬件电路的仿生偏振光罗盘是基于天空偏振光信息解算航向角，并通过 FPGA 电路输出航向角数据，所以噪声来源及其产生机理等有所不同。这种噪声不仅来源于偏振光罗盘采集的偏振图像，还来源于罗盘电路，并最终体现于罗盘输出的航向角数据。因此，研究高精度仿生偏振光罗盘噪声处理方法非常必要。

此外，固连在运动载体上的仿生偏振光罗盘在载体实际运动过程中不可避免地会产生俯仰和滚转等倾斜，而这些倾角变化带来的定向误差不容忽视。同时，我们在大量不同动态试验中发现，太阳子午线与载体体轴夹角（A-SMBA）、载体倾角的耦合会产生显著的航向误差。因此，深入研究仿生偏振光罗盘定向误差处理工作，对丰富仿生偏振光罗盘 / 惯性组合导航系统理论与方法具有重要意义。

1.4 仿生偏振光罗盘/惯导组合定向系统与方法

惯性导航系统（INS）具有强抗干扰、高自主性、高输出频率等优点，但是其定向精度通常易随时间积累而显著降低。仿生偏振光罗盘（PC）具有高自主性和耐久性等优点，被广泛用于无人机定向。然而，PC 对环境的适应性较差，云层、隧道等遮挡会导致其定向精度大幅下降。将 PC 与 INS 组合可充分发挥 PC 及 INS 各自的优势，即可通过 PC 校正 INS 航向测量值随时间发散问题，INS 在 PC 受恶劣环境影响短暂不可用时仍可以进行定向信息获取，并保持较高的定向精度，对最终提高整个组合定向系统健壮性及其定向精度具有重要研究价值。

在国外，2006 年，瑞典隆德大学通过研究候鸟利用地磁场、恒星、太阳和偏振光组合罗盘系统共同确定迁徙方向，提出一种迁徙候鸟在日出和日落时使用地平线附近天光偏振模式的绝对（即地理）方向系统进行定向，并为其所有罗盘提供主要的校准参考[56]。2010 年，美国马萨诸塞大学通过研究发现帝王蝶使用时间补偿太阳罗盘和磁罗盘为秋季远距离迁徙进行导航[57]。2013 年，美国库兹敦大学对蜜蜂导航机理进行深入研究，发现蜜蜂至少有三种罗盘装置：磁罗盘；基于太阳每日旋转和与太阳相连天窗模式的太阳罗盘；基于太阳随时间相对于地形运动记忆的备用天球罗盘[58]。2018 年，瑞典隆德大学进一步深入研究候鸟在春季 / 秋季迁徙过程中使用不同的太阳罗盘和磁罗盘对其迁徙路线的影响，结果表明：随着纬度、迁徙方向、迁徙季节和地理位置的变化，候鸟需要使用不同的罗盘，并且沿着迁徙路线重新定向一次或多次，或使用地图信息才能最终成功到达迁徙目的地[59]。2019 年，法国马赛大学提出一种偏振光罗盘和基于 Michaelis-Menten 自适应像素的最小光流传感器组合导航系统（见图 1.9），可应用于户外机器人自主导航。试验结果表明，在晴天到多变天气条件下，航向误差在 0.3°～2.9° 之间稳定变化[60]。

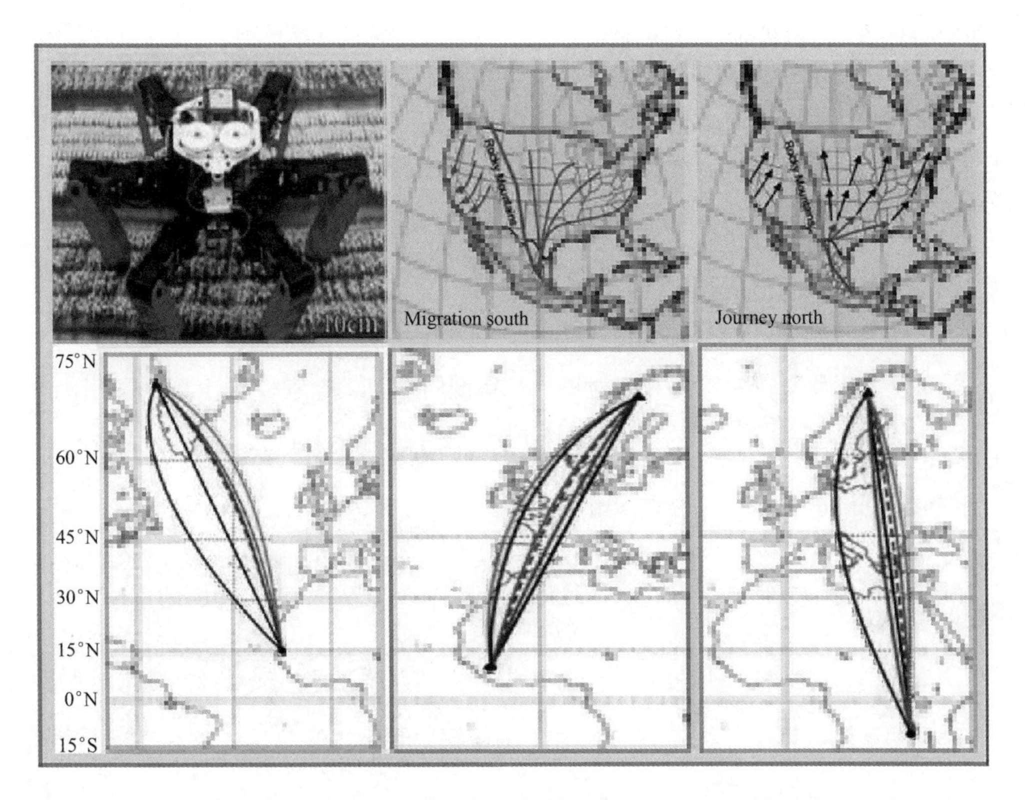

图 1.9 基于最小光流传感器组合导航系统（户外自主导航）

在国内，哈尔滨工业大学在2007年至2010年，先后提出基于联邦卡尔曼滤波算法的PC/GPS/SINS组合导航方法、基于联邦卡尔曼滤波融合算法的PC/GPS/INS组合导航方法、基于改进联邦卡尔曼滤波多采样融合算法的PC/地磁/GPS/SINS组合导航方法、基于分布式卡尔曼滤波器的PC/光流/GPS/INS组合导航方法[61–64]。2015年，大连理工大学为提高无人机姿态测量精度，提出基于集中卡尔曼滤波算法、基于互补滤波算法的PC/GPS/SINS组合导航方法[65]。2016年，中国人民解放军国防科技大学提出一种基于拓扑图节点递推的双目视觉/MIMU/PC组合导航方法，该导航方法具有定位误差不随时间累积且精度不受初始航向角影响等优点[66]。2017年，南京理工大学为解决微机电惯性测量单元精度低问题而提出一种PC/北斗/INS组合导航方法，不仅实现了载体三维姿态信息提取，还具有精度高、健壮性强等优点[67]。2019年，华北理工大学提出一种基于卡尔曼滤波融合的PC/IMU/空气数据系统（Air Data System，ADS），将PC测量的航向角信息通过ADS连续输出速度和高度信息，PC和ADS相结合解决IMU（Inter Measurement Unit）误差漂移，卡尔曼滤波器对该导航系统的误差状态进行估计，然后利用该估计值对导航系统的误差进行实时校正[68]。2020年，中北大学针对偏振光导航系统精度低等问题，提出一种基于自适应卡尔曼滤波融合算法的MEMS-INS/GPS/PC组合导航系统[69]。基于MEMS-INS/GPS/PC组合导航系统及误差校正，如图1.10所示。

上述国内外研究现状表明，PC/INS组合导航系统已经实现对载体姿态、速度和位置的测量。但是，PC/INS组合导航系统输出频率较低，且在PC受复杂环境影响导致其不可用时整个组合导航系统健壮性下降的问题仍未得到解决。如何通过滤波算法实现PC与INS的有效融合，以提高组合导航系统的健壮性与定向精度，是亟待解决的关键问题。

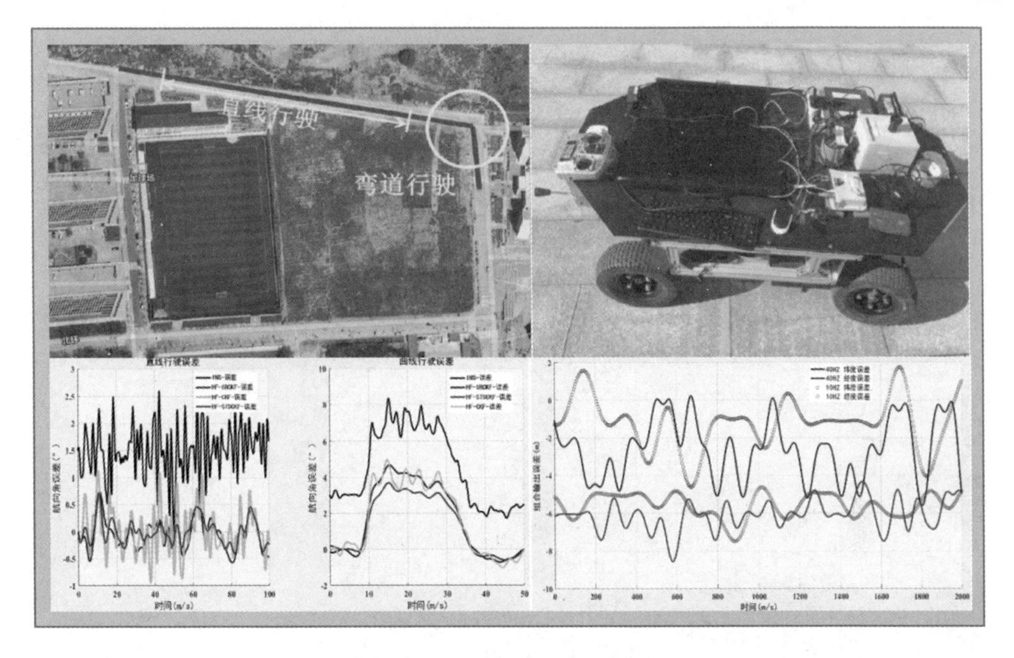

图 1.10　基于 MEMS-INS/GPS/PC 组合导航系统及误差校正

综上所述，基于仿生偏振光罗盘和惯导的定向方法已经日趋成熟，并且在试验中体现出较强的自主性。本书拟在现有研究成果基础上，针对高精度仿生偏振光罗盘定向误差处理及复杂环境条件下仿生偏振光罗盘 / 惯导组合定向系统与方法开展研究，并进行试验验证，最终为无人机提供一套成熟的高自主定向方法，丰富并拓展了现代导航理论。

第2章

大气偏振模式的定向方法与系统

生物学研究成果表明，沙蚁、蜜蜂等昆虫具备偏振视觉高度敏感能力，并能通过天空光偏振模式分布确定自身运动方向。自主性极强的天空光偏振模式是自然界固有资源之一，基本不受人为主观因素的破坏和干扰，非常适合作为载体在弱/无卫星信号环境下提供定向信息，因此基于大气偏振模式的定向方法具有很好的自主定向应用前景。本章重点对大气偏振模式分布、基于大气偏振模式的载体定向方法与系统等内容进行深入研究。

2.1 大气偏振模式的定向方法

2.1.1 大气偏振模式的中性点特性分析及自动识别

理想条件下，大气偏振模式的偏振角图像具有类似“∞”字形的显著特征分布，这种分布模式不仅能够有效反映天空光大气偏振模式的特征变化，而且可以为基于大气偏振模式的自主定向方法研究提供基础，天空大气偏振光分布特性如图 2.1 所示。在大气偏振光分布模式中，重要特征之一是中性点。中性点是指天空太阳光受大气层内气溶胶等大颗粒粒子对大气偏振模式产生消偏作用，而在该分布模式中形成的天空偏振奇点[70]。中性点也是天空大气偏振模式的“窗口”，因此，为获取准确、有价值的目标特征，可利用中性点进行遥感目标探测；另外，由于中性点分布具有显著的方位信息特征，非常适合作为基于大气偏振模式的偏振光导航的参考，并为偏振光导航提供准确的方向基准[70]。

在这里，像素化亚波长金属偏振光栅偏振方向分别设定为 0°、45°、90°和 135°。大气偏振模式的特征可以用斯托克斯矢量（Stokes 矢量）$\boldsymbol{S}$=（I、Q、U、V）来表达，其中，I 表示偏振传感器 2×2 像素附近所有像素（共 4 个）的总光强度。Q与U分别表示 0° 与 90° 方向、45° 与 135° 方向的线偏振光分量，V表示圆偏振光分量。由于自然界中几乎没有圆偏振分量，因此被忽略。

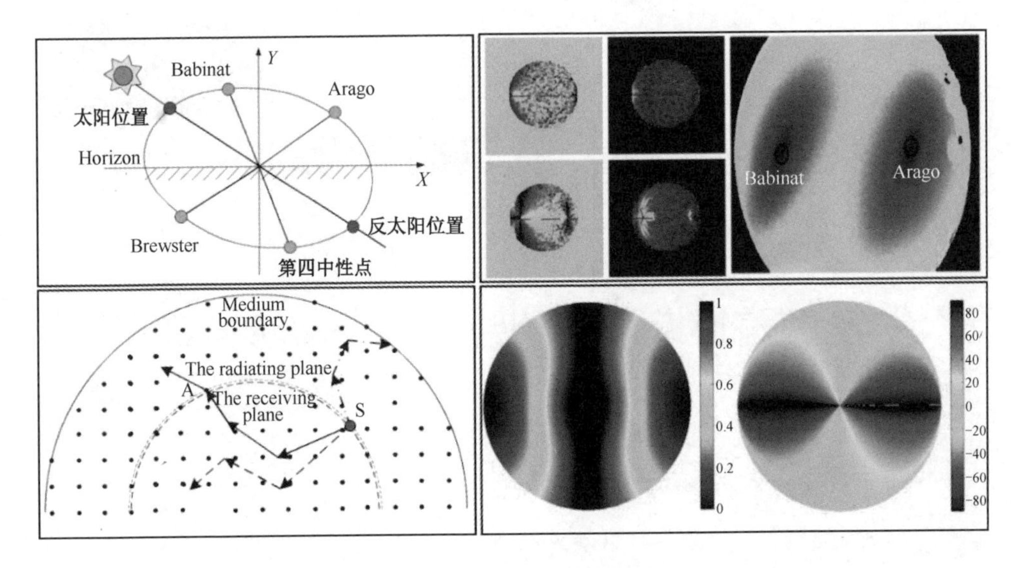

图 2.1 天空大气偏振光分布特性

$$I=\frac{1}{2}\left[I\left(0^{\circ}\right)+I\left(45^{\circ}\right)+I\left(90^{\circ}\right)+I\left(135^{\circ}\right)\right] \tag{2.1}$$

$$Q=I\left(0^{\circ}\right)-I\left(90^{\circ}\right) \tag{2.2}$$

$$U=I\left(45^{\circ}\right)-I\left(135^{\circ}\right) \tag{2.3}$$

由上可得，偏振度（DoP，Degree of Polarization）和偏振角（AoP，Angle of Polarization）的数学表达式为：

$$\mathrm{DoP}=\frac{\sqrt{Q^{2}+U^{2}}}{I} \tag{2.4}$$

$$\mathrm{AoP}=\frac{1}{2}\arctan\left(\frac{U}{Q}\right) \tag{2.5}$$

在大气偏振模式中，中性点处的偏振度等于零，根据式（2.4）可知，线偏振光分量 Q 与 U 必须同时等于零，因此，中性线是大气偏振模式中 Q=0 和 U=0 的天空中性点集。由于中性点需要同时满足大气偏振模式中线偏振光分量 Q=0 和 U=0 特性，故中性点正好位于线偏振光分量 Q=0 的中性线和线偏振光分量 U=0 中性线的交点处。因此，利用线偏振光分量 Q=0 中性线与偏振光分量 U=0 中性线相交的特性，可以检测识别大气偏振的中性点，其算法流程如图 2.2 所示[71]。

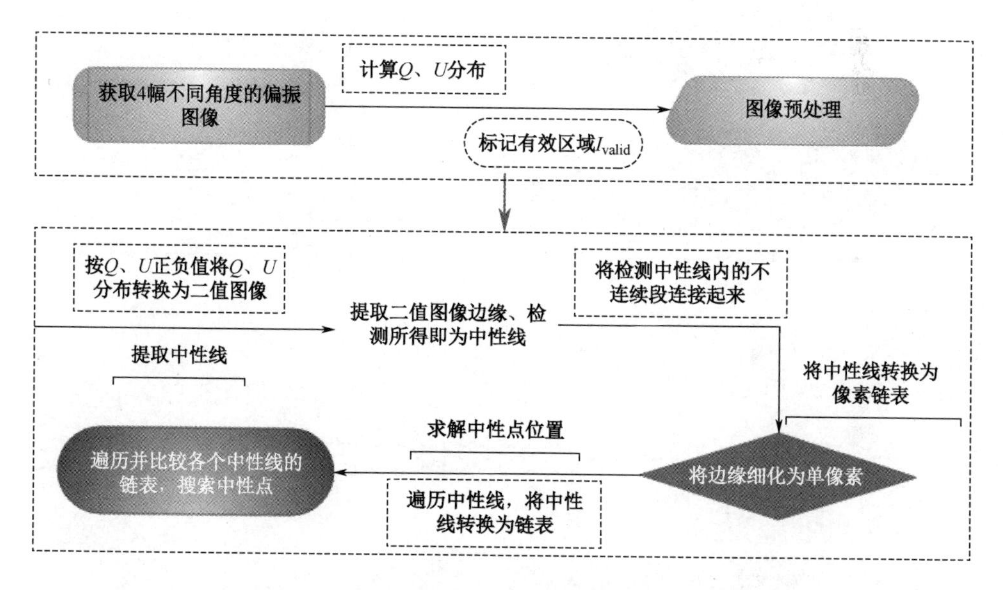

图 2.2 基于中性点相交特性的中性点识别方法的算法流程

目前，大气偏振模式的形态表征主要是用不同粒子的散射特性，而对大气偏振模式的特征信息描述相对较少。但在大气偏振模式实际应用中，需要对其偏振特征进行有效提取，同时解析成为计算机硬件所能识别的特征模式[72-73]。大气偏振光表征方法如图 2.3 所示。

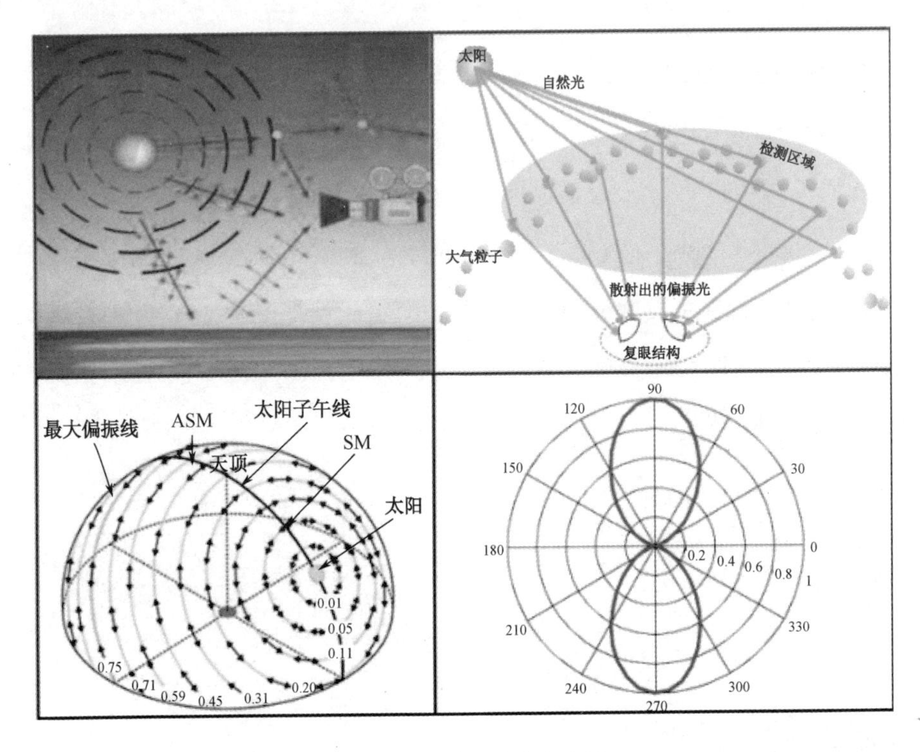

图 2.3　大气偏振光表征方法

2.1.2　基于太阳子午线的成像式仿生偏振光罗盘定向算法

太阳光经过大气粒子散射后，产生的偏振光在天空中形成的特殊分布模式，具有显著的分布规律。在晴朗无云的天气条件下，散射粒子主要由大气分子组成，其尺寸远小于光的波长，因此可以用一阶瑞利散射模型来描述晴朗无云天气下大气的散射过程，即散射光的 $\boldsymbol{E}$ 矢量（光波中的电振动矢量）方向垂直于散射面[74]。

图 2.4 所示为与地理方向相关的大气偏振模式三维空间坐标系。在该坐标系中，坐标轴方向分别取东、北、天顶方向，其中坐标原点 O 表示观测者的位置，ϕ为入射光的偏振角，θ 为散射角；S 表示太阳在天球上的方向，用天顶角 γ_S 和方位角 α_s 来描述，其中天顶角与太阳高度角互为余角；P 代表观测方向，其天顶角和方位角分别为 γ 和 α。

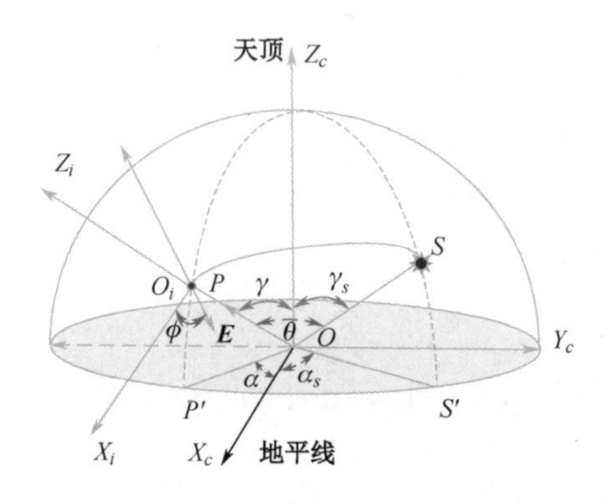

图 2.4　与地理方向相关的大气偏振模式三维空间坐标系

根据大气偏振模式的偏振角特征信息，实时解算载体在实际运动过程中的航向角信息，需要定义如下坐标系并进行相应转换。根据现有参考文献，右手直角坐标系定义方法如下[76]：

偏振相机所在坐标系（$OX_cY_cZ_c$）：X_c 轴和 Y_c 轴分别是指偏振成像仪的横轴和纵轴，Z_c 轴为偏振成像仪的光轴。整个偏振成像系统经调平后，Z_c 轴最终指向天顶方向。

入射光所在坐标系（$O_iX_iY_iZ_i$）：Z_i 轴指向观测者的观测方向，X_i 轴位于观测者观测方向所在平面(OPP')内，Y_i 轴与 X_i 轴及 Z_i 轴构成右手直角坐标系。为简化图形，Y_i 轴在图中没有标出轴。

根据一阶瑞利散射模型，天空大气偏振模式的偏振度表示为[77]：

$$d = \frac{\sin^2\theta}{1+\cos^2\theta} \tag{2.6}$$

式中，θ 为散射角。

观测者的观测方向矢量和太阳方向矢量在上述偏振相机所在坐标系中可以表示为：

$$\overrightarrow{OS}^c = \begin{bmatrix}\sin\gamma_S\cos\alpha_S & \sin\gamma_S\sin\alpha_S & \cos\gamma_S\end{bmatrix}^{\mathrm{T}} \tag{2.7}$$

$$\overrightarrow{OP}^c = \begin{bmatrix}\sin\gamma\cos\alpha & \sin\gamma\sin\alpha & \cos\gamma\end{bmatrix}^{\mathrm{T}} \tag{2.8}$$

由式（2.7）和式（2.8），可以计算出散射角 θ：

$$\cos\theta = \overrightarrow{OS}^c \cdot \overrightarrow{OP}^c = \sin\gamma_S\sin\gamma\cos(\alpha-\alpha_S)+\cos\gamma_S\cos\gamma \tag{2.9}$$

理论偏振度 d 就可以根据式（2.7）和式（2.8）计算获得。偏振角 ϕ 定义为入射光的 $\boldsymbol{E}$ 矢量方向与入射光坐标系 X_i 轴的夹角。根据一阶瑞利散射模型可知，大气偏振模式中散射光的 $\boldsymbol{E}$ 矢量方向 $\overline{PE}$ 在上述相机所在坐标系中表示为：

$$\overrightarrow{PE}^c = \overrightarrow{OS}^c \times \overrightarrow{OP}^c = \begin{bmatrix}\sin\alpha_S\sin\gamma_S\cos\gamma - \sin\alpha\cos\gamma_S\sin\gamma \\ \cos\alpha\cos\gamma_S\sin\gamma - \cos\alpha_S\sin\gamma_S\cos\gamma \\ \sin(\alpha-\alpha_S)\sin\gamma_S\sin\gamma\end{bmatrix} \tag{2.10}$$

其中，$\boldsymbol{C}_c^i$ 是方向余弦矩阵，它表示从相机所在坐标系到入射光所在坐标系的转换矩阵，即：

$$\boldsymbol{C}_c^i = \begin{bmatrix}\cos\gamma & 0 & -\sin\gamma \\ 0 & 1 & 0 \\ \sin\gamma & 0 & \cos\gamma\end{bmatrix}\begin{bmatrix}\cos\alpha & \sin\alpha & 0 \\ -\sin\alpha & \cos\alpha & 0 \\ 0 & 0 & 1\end{bmatrix} \tag{2.11}$$

则大气偏振模式中散射光的 **E** 矢量方向 $\overrightarrow{PE}$ 在上述入射光所在坐标系中可以表示为：

$$\overrightarrow{PE}^{i}=C_{c}^{i}\overrightarrow{PE}^{c}=\begin{bmatrix}-\sin(\alpha-\alpha_{S})\sin\gamma_{S}\\ \cos\gamma_{S}\sin\gamma-\sin\gamma_{S}\cos\gamma\cos(\alpha-\alpha_{S})\\ 0\end{bmatrix} \tag{2.12}$$

解算得到入射光偏振角ϕ为：

$$\tan\phi=\frac{\cos\gamma_{S}\sin\gamma-\sin\gamma_{S}\cos\gamma\cos(\alpha-\alpha_{S})}{-\sin(\alpha-\alpha_{S})\sin\gamma_{S}} \tag{2.13}$$

因此，根据式（2.6）和式（2.13）可求解基于一阶瑞利散射模型的偏振度 d 和偏振角ϕ。

由上述分析可知，大气偏振模式是一种与时间相关的稳定空间分布，可以在太阳子午线获取的基础上进行航向角解算。采用上述经典三维空间坐标系，在载体所在坐标系中，太阳子午线与载体体轴的夹角为方位角 α_b；在参考坐标系即所在坐标系中，太阳子午线与地理真北的夹角即方位角 α_a，且该方位角可以通过天文年历计算获得，载体体轴相对于地理真北就是航向角，即 $\varphi=\alpha_a-\alpha_b$，对式(2.14)做值域变换即可得到载体的航向[78]，整个航向角获取示意图和流程图分别如图 2.5（a）、（b）所示。

$$\varphi=\begin{cases}\varphi & \varphi\in(0^\circ,360^\circ)\\ \varphi+2\pi & \varphi\in(-360^\circ,0^\circ)\end{cases} \tag{2.14}$$

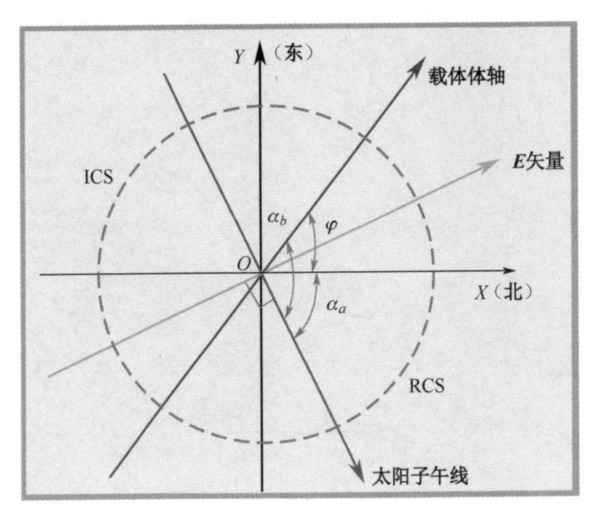

（a）示意图

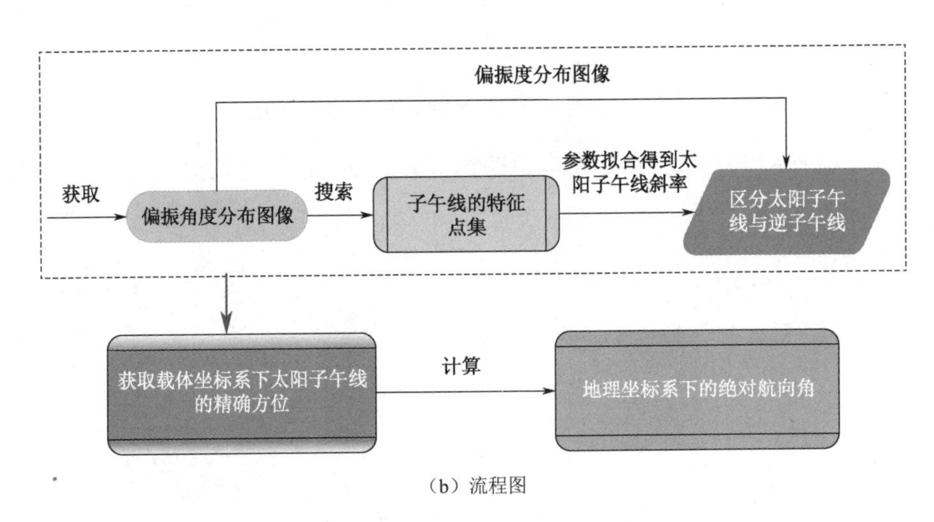

（b）流程图

图 2.5　航向角获取示意图和流程图

2.2 基于FPGA的仿生偏振光罗盘设计与集成

将高深宽比像素级亚波长金属偏振光栅与感光芯片、自行设计的FPGA硬件电路集成在一起，设计以自然界昆虫偏振定向为蓝本的仿生偏振光罗盘。该罗盘具有功率低、速度快、结构紧凑、分辨率高、灵敏度高等优点，并且能够实时解算载体航向信息。该罗盘主要包括偏振信息获取模块、传感器硬件电路模块和航向角数据处理模块等，其功能结构设计框图如图2.6所示。

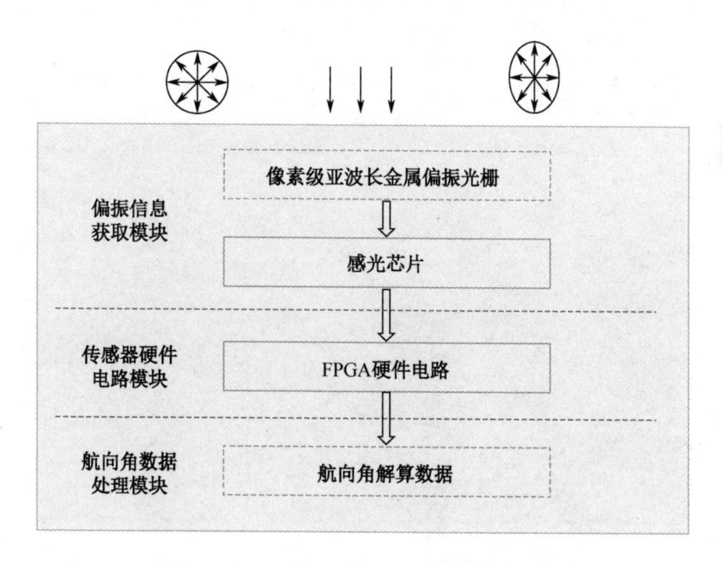

图2.6　仿生偏振光罗盘功能结构设计框图

根据偏振光定向原理，分别通过合理设计高深宽比像素级亚波长金属偏振光栅、感光芯片、FPGA 硬件电路等各功能部件并组合安装成偏振光罗盘，使之很好地获取天空区域大气偏振模式，并进行航向信息解算。其中，罗盘中的偏振信息获取模块利用光电转换原理将天空中入射的偏振光信号转换为易于后续硬件电路处理的电信号，并输出给传感器硬件电路模块。传感器硬件电路模块利用 FPGA 核心处理器为每个数据分配时间戳和数据定义信息，以便于后续信号处理；同时，经过 FPGA 解码、编码、模数转换后，通过以太网将数据信息输出，测试接口提供对整个系统状态的实时反馈。航向角数据处理模块主要通过下位机处理上述感知单元输出信号，实现对航向信息的解算。

基于 FPGA 硬件电路的仿生偏振光罗盘的工作流程如图 2.7 所示。

Step1：通过高深宽比像素级亚波长金属偏振光栅获取天空中偏振光信号。

Step2：通过感光芯片将偏振光信号转换为电信号。

Step3：通过 ZYNQ 的 FPGA 可编程逻辑（PL，Programmable Logic）端对输出的低压差分电信号（LVDS）双沿数据进行解码。

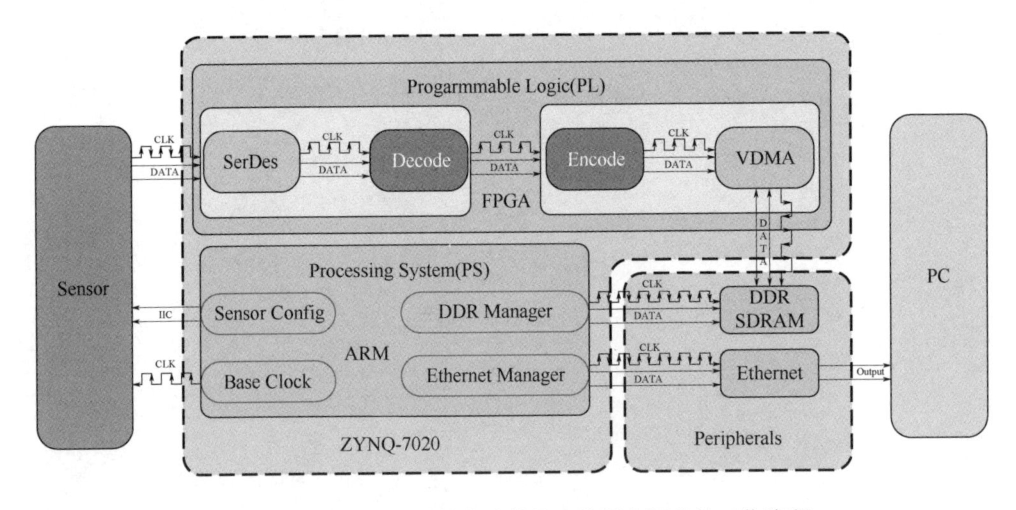

图 2.7　基于 FPGA 硬件电路的仿生偏振光罗盘的工作流程

Step4：同步跨时钟域数据，将 Step1 的数据转换成偏振图像数据。

Step5：图像数据采用高级可扩展接口（AXI，Advanced eXfensible Interface）协议处理后，将写入视频直接存储器访问（VDMA）的知识产权（IP）内核。

Step6：将偏振图像数据缓存到 DDR3 SDRAM。

Step7：利用 ZYNQ 的 ARM 处理系统（PS，Processing System）将偏振图像数据解算成航向角数据后进行提取和处理。

Step8：航向角数据采用用户数据报协议（UDP）进行处理，并通过以太网输出。

Step9：对输出的航向角数据进行解码，并通过 PC 显示。

仿生偏振光罗盘实物如图 2.8（a）所示，其内部 FPGA 硬件电路如图 2.8（b）所示。该罗盘内偏振成像系统能够一次同时采集 4 个方向的偏振角图像，可保证图像数据的同步性和可靠性，并可提供 30 帧 / 秒的偏振图像传输速率。

（a）仿生偏振光罗盘实物

图 2.8　仿生偏振光罗盘示意图

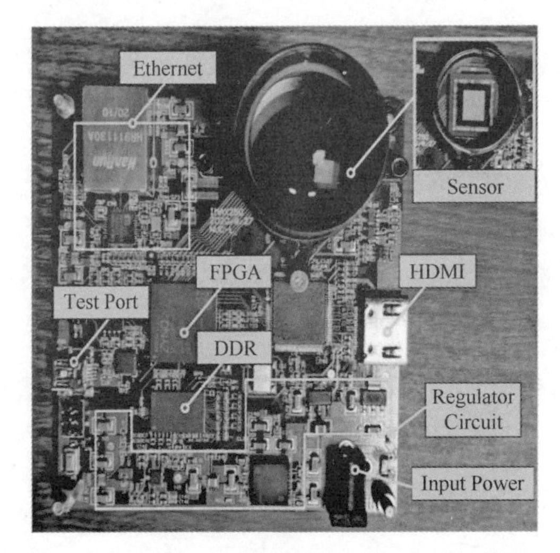

（b）罗盘内部 FPGA 硬件电路

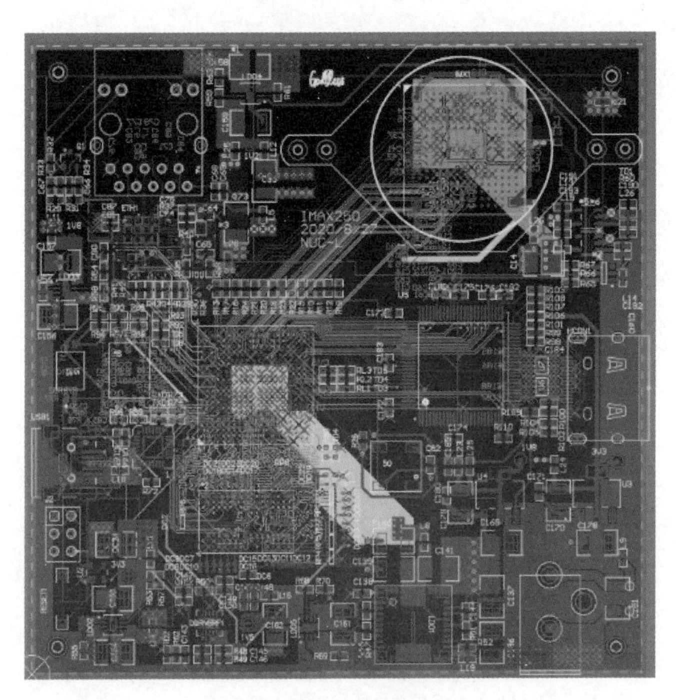

（c）硬件电路 PCB 板

图 2.8　仿生偏振光罗盘示意图（续）

2.3 仿生偏振光罗盘定向试验

基于自制的仿生偏振光罗盘，分别开展了静态、转台和无人机机载定向测试。静态和转台试验相关测试设备包括：自制仿生偏振光罗盘、TBR100 三轴转台（卓立汉光公司，定向精度优于 0.05°）、转台控制器、高精度光纤陀螺惯性导航系统 / 全球卫星导航系统（FOG-INS/GNSS）/ 组合导航系统（IMU-KVH 1750 / 加拿大 NovAtel PW7720）、电脑、供电电源等。静态及转台试验设备如图 2.9 所示，静态试验过程中转台始终保持不动。

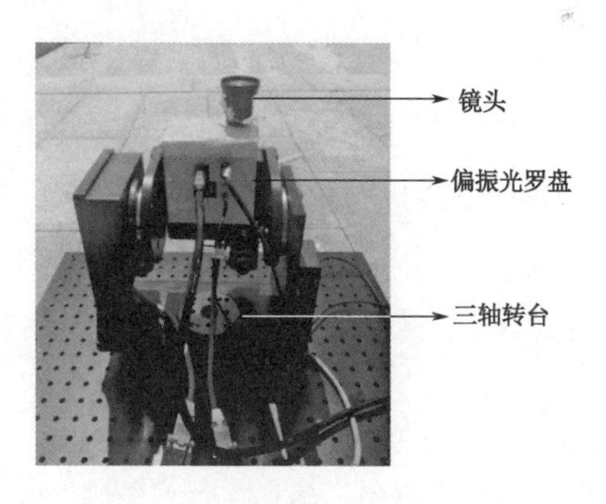

图 2.9　静态及转台试验设备

机载试验相关测试设备包括：六旋翼无人机（最大载重：15kg；机型：六旋翼 SLM-6S；飞行续航时间：20 分钟），以及上述静态试验所使用的自制偏振光罗盘、FOG-INS/GNSS 测量基准系统。无人机试验设备如图 2.10 所示。

图 2.10　无人机试验设备

将自制仿生偏振光罗盘和高精度FOG-INS/GNSS组合导航基准搭载于TBR100三轴转台和六旋翼 SLM-6S 无人机上，考虑安装误差对解算精度的影响，在解算过程中进行安装误差补偿。利用基于太阳子午线的偏振定向方法，对载体航向角信息进行解算，并与高精度 FOG-INS/GNSS 组合导航基准测量结果进行比较，对本书研制的仿生偏振光罗盘定向精度进行验证。仿生偏振光罗盘定向试验平台结构及试验方案如图 2.11 所示。

定向试验平台可分为 4 层：第一层为自制仿生偏振光罗盘与 FOG-INS/GNSS 组合导航基准组成的航向信息采集装置；第二层为平台系统的信号处理和控制中心，可以完成的功能包括导航数据采集、控制载体转台运动、通过无线方式与地面管理计算机系统进行通信与数据传输；第三层为平台系统的静止 / 移动载体，采用转台 / 无人机机载形式分别进行静态 / 动态试验，静态试验时，转台保持不动；第四层为地面控制系统，负责发送平台系统的控制指令与存储试验数据。

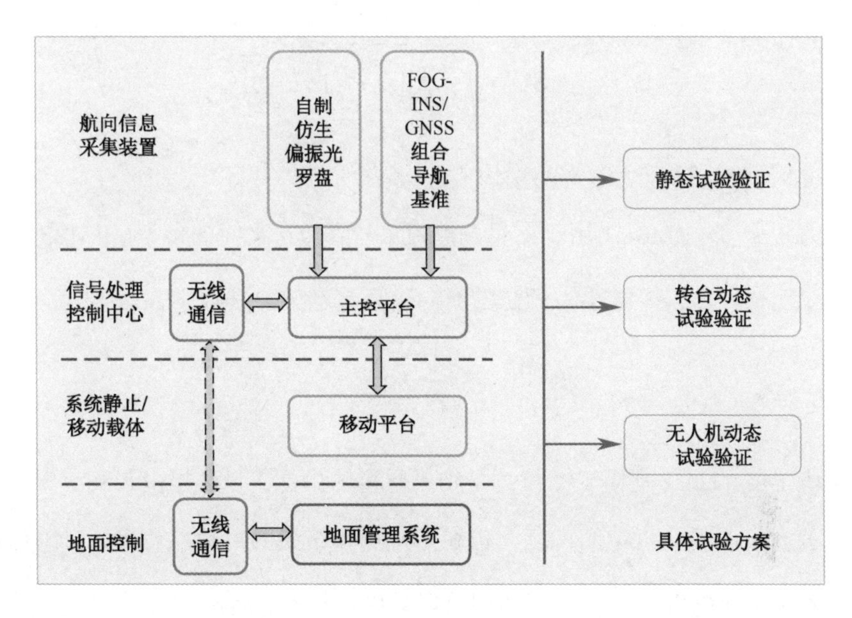

图 2.11 仿生偏振光罗盘定向试验平台结构及试验方案

分别使用平均绝对误差（MAE）、标准差（SD）、均方根误差（RMSE）和不确定度（UC）4 个典型指标来评估自制仿生偏振光罗盘的定向性能。

假设罗盘输出一个时间步长为 t 的时序 $N=\left(n_1,n_2,\cdots,n_t\right)$。平均绝对误差（MAE）用来估计该罗盘输出的所有单个观测值与算术平均值偏差的平均绝对值，它可避免误差相互抵消，因此可准确反映实际预测误差的大小。其数学表达式为：

$$\mathrm{MAE}=\frac{1}{N}\sum_{t=1}^{n}\left|h_t-\tilde{h}_t\right| \tag{2.15}$$

其中，h_t 和 $\tilde{h}_t$ 分别是时间步长 t 处的观测值和模拟值。

标准差（SD）用于衡量一组数据集内每个数据自身的离散程度。SD 越大，说明该数据集内的数据与该数据集均值之间差异越大；反之，SD 越小，说明该数据集内的数据越接近该数据集均值。其数学表达式为：

$$\mathrm{SD}=\sqrt{\frac{1}{N}\sum_{t=1}^{n}\left(h_t-\bar{h}\right)^2} \tag{2.16}$$

其中 $\bar{h}$ 是时间步长 t 内观测值的平均值。

均方根误差（RMSE）用于衡量预测值 $\tilde{h}_t$ 与真值 h_t 之间的偏差。RMSE 越接近于零，说明该罗盘误差越小，预测的航向信息越准确。其数学表达式为：

$$\mathrm{RMSE}=\sqrt{\frac{1}{N}\sum_{t=1}^{n}\left(h_t-\tilde{h}_t\right)^2} \tag{2.17}$$

不确定度（UA）是用于衡量测量结果质量的指标，它是指由于测量误差的存在，对被测量值不能肯定的程度，也就是被测量结果的可信赖程度。UC 越小，说明测量结果越准确，数据的可使用价值越高；反之，数据可靠性越低，数据的可使用价值越低。不确定度有 A 类不确定度（UA）、B 类不确定度（UB）及合成不确定度（UC）三类。其中，UA 是采用对观测值进行统计分析的方法来评定的一种标准不确定度；UB 是采用不同于 UA 的方法来评定的标准不确定度；UC 是当测量结果是由若干个其他量的值求得时，按其他各量方差和协方差计算所得的标准不确定度。本书采用 A 类不确定度（UA）计算，其数学表达式为：

$$\mathrm{UA}=\sqrt{\frac{\sum_{t=1}^{n}\left(h_t-\bar{h}\right)^2}{n(n-1)}} \tag{2.18}$$

2.3.1 静态定向试验

静态定向试验结果如图 2.12 和表 2.1 所示。图 2.12（a）中虚线是仿生偏振光罗盘静态输出的原始航向角数据，实线是 FOG-INS/GNSS 组合导航基准输出的航向角数据；图 2.12（b）显示的是静态试验条件下仿生偏振光罗盘航向角误差曲线，其静态定向精度为 0.1118°（RMSE）。

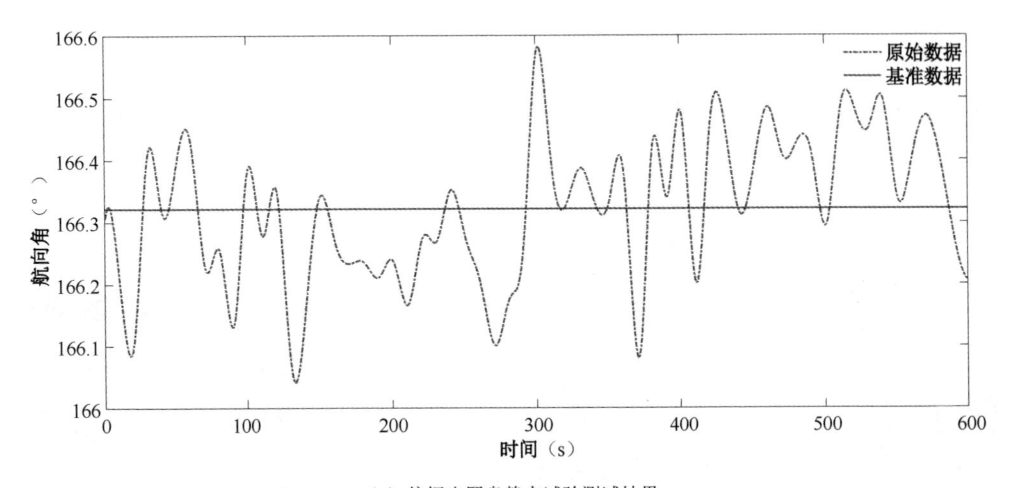

（a）偏振光罗盘静态试验测试结果

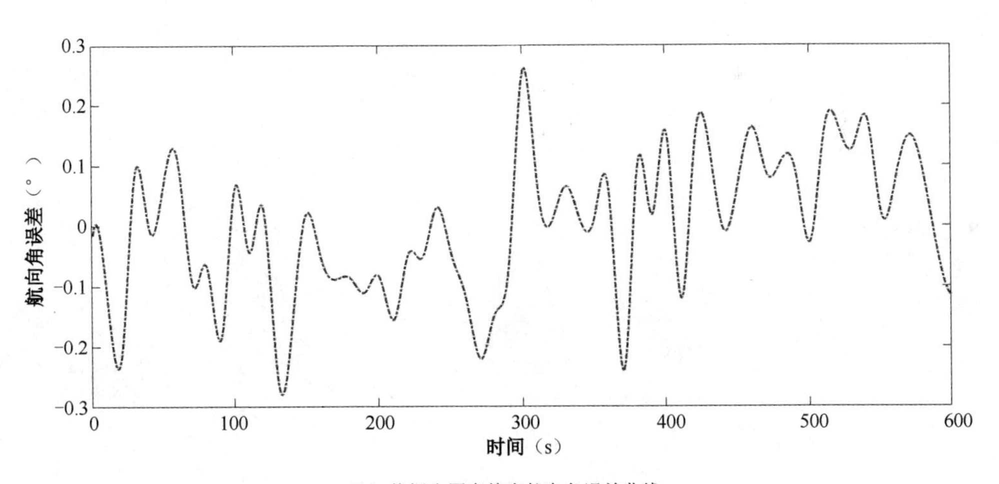

（b）偏振光罗盘静态航向角误差曲线

图 2.12 静态定向试验结果

表 2.1 静态定向试验罗盘获得的航向角误差指标值

	MAE（°）	SD（°）	RMSE（°）	UA（°）
航向角误差	0.0916	0.1119	0.1118	0.0046

2.3.2 转台动态定向试验

转台动态定向试验设备同上述静态定向试验设备，在整个试验过程中，转台的转动角度为 0° ～120°，试验结果如图 2.13 和表 2.2 所示。图 2.13（a）虚线是仿生偏振光罗盘转台动态输出航向角数据，实线是 FOG-INS/GNSS 组合导航基准转台动态输出航向角数据；图 2.13（b）显示的是转台动态试验条件下仿生偏振光罗盘航向角误差曲线，其定向精度为 0.2081°（RMSE）。

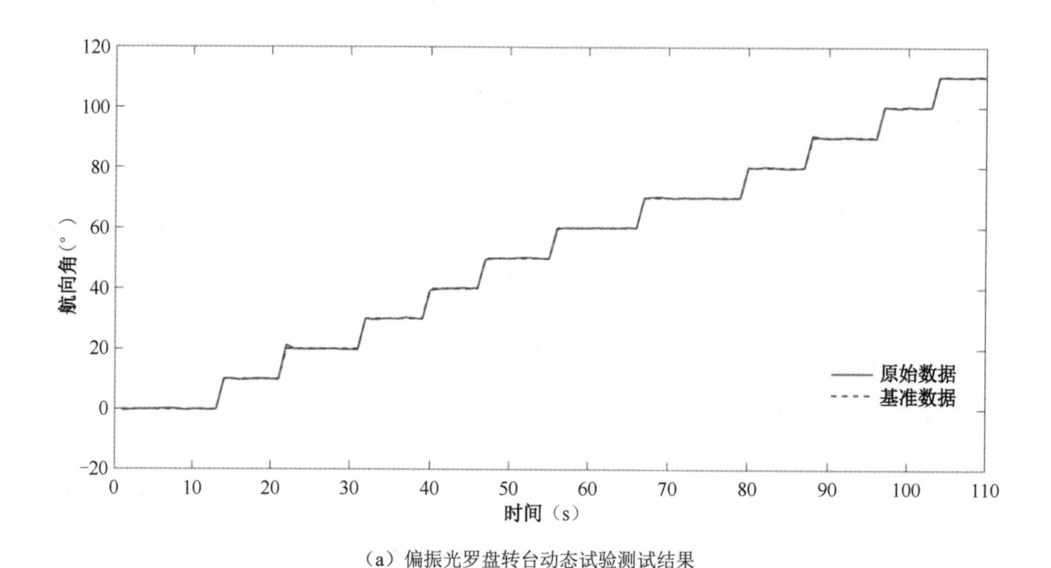

（a）偏振光罗盘转台动态试验测试结果

图 2.13 转台动态定向试验结果

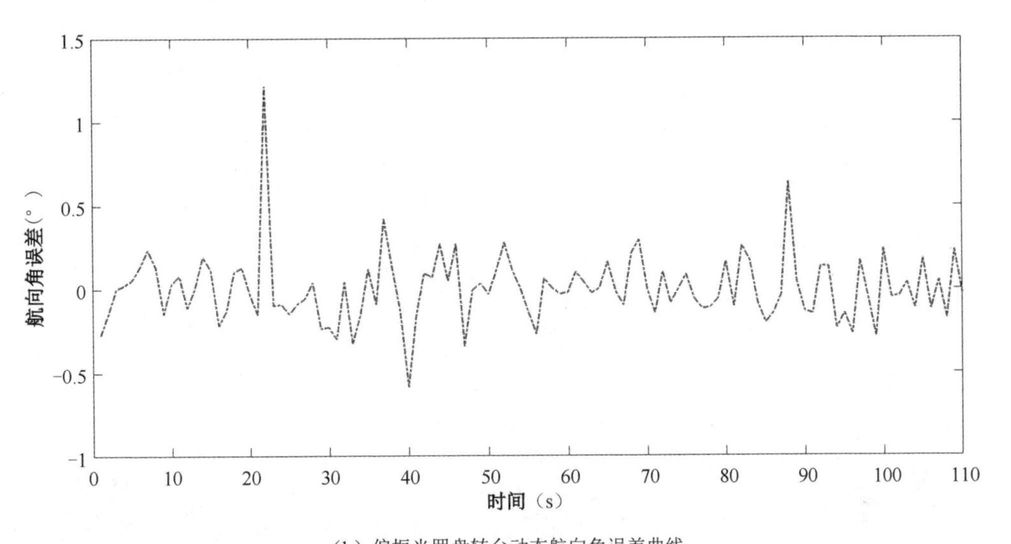

（b）偏振光罗盘转台动态航向角误差曲线

图 2.13 转台动态定向试验结果（续）

表 2.2 转台动态试验罗盘获得航向角误差指标值

	MAE（°）	SD（°）	RMSE（°）	UA（°）
航向角误差	0.1443	0.2090	0.2081	0.0200

2.3.3 无人机机载动态试验

无人机机载动态试验于 2020 年 11 月 12 日日落时分（16:10—17:30）在中北大学校园进行。在机载过程中，无人机对地飞行高度 310m、飞行距离 500m，飞行轨迹如图 2.14 所示。

无人机机载动态试验结果如图 2.15 和表 2.3 所示，图 2.15（a）中虚线是仿生偏振光罗盘输出的无人机动态航向角数据，实线是 FOG-INS/GNSS 组合导航基准输出的无人机动态航向角数据，图中的尖峰表示无人机飞行过程转弯时，罗盘航向角发生明显变化；图 2.15（b）显示的是仿生偏振光罗盘在无人机机载动态试验条件下航向角误差曲线，其动态定向精度为 1.0900°（RMSE）。

图 2.14　无人机飞行轨迹

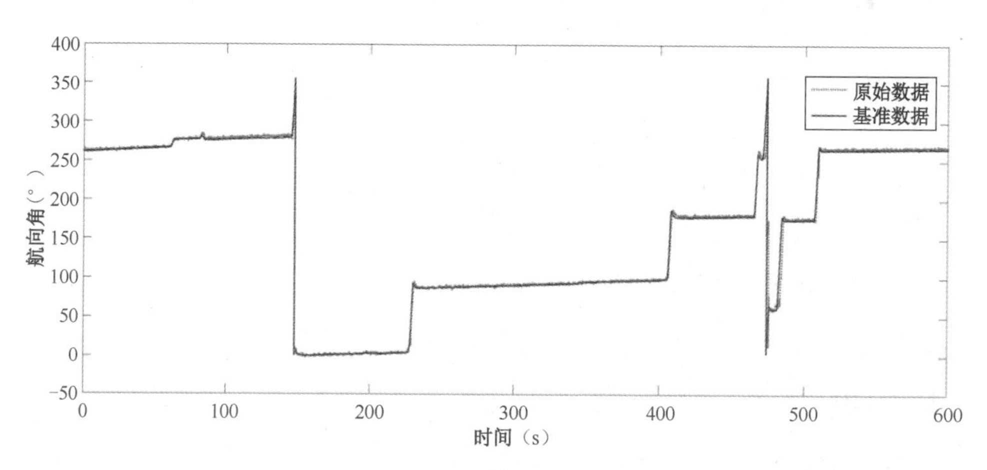

（a）偏振光罗盘无人机机载动态试验测试结果

图 2.15　无人机机载动态试验结果

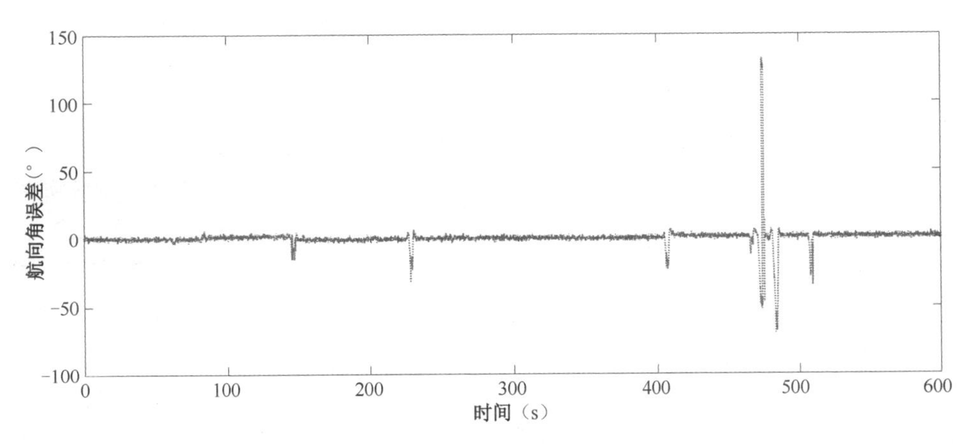

（b）偏振光罗盘无人机机载航向角误差曲线

图 2.15 无人机机载动态试验结果（续）

表 2.3 仿生偏振光罗盘在无人机机载测试中获得的航向角误差指标值

	MAE（°）	SD（°）	RMSE（°）	UA（°）
航向角误差	0.8940	1.0905	1.0900	0.1022

在定向精度上，基于 FPGA 硬件电路和高深宽比像素级亚波长金属偏振光栅的仿生偏振光罗盘，与现有典型偏振光罗盘偏振导航传感器样机、微阵列式偏振光罗盘等对比，结果如表 2.4 所示。

表 2.4 现有典型偏振光罗盘定向精度对比结果

偏振光罗盘类型	测试条件	试验环境及 RMSE	
基于单层金属纳米光栅偏振导航传感器	积分球标准光源	室内静态试验 0.8°	无动态测试
基于双层金属纳米光栅偏振导航传感器	积分球标准光源	室内静态试验 0.7°	无动态测试
微阵列式偏振光罗盘	积分球标准光源	室内静态试验 0.15°	室外单轴转台 0.37°
基于 FPGA 硬件电路和高深宽比像素级亚波长金属偏振光栅的仿生偏振光罗盘	自然光源	室外静态试验 0.11°	室外转台测试 0.21° 室外无人机机载 1.09°

2.4 本章小结

本章重点开展了基于大气偏振模式的定向方法与系统的设计、集成、测试研究，并对自制的仿生偏振光罗盘分别进行了静态、转台动态和无人机机载动态定向试验验证。

首先，对大气偏振模式的中性点特性及自动识别、大气偏振模式形态表征进行了分析，为后续研究基于太阳子午线的航向角解算方法提供理论支撑。

其次，根据基于大气偏振模式 Stokes 矢量航向角解算原理，提出了基于 FPGA 的仿生偏振光罗盘总体设计方案，并进行了集成。

最后，对自制仿生偏振光罗盘定向精度分别进行了静态、转台动态和无人机机载动态定向试验。试验结果表明，自制仿生偏振光罗盘静态定向精度为 0.1118°（RMSE），转台动态测试定向精度为 0.2081°（RMSE），无人机机载动态定向精度为 1.0900°（RMSE）。

在仿生偏振光罗盘定向过程中，通过对微惯导系统辅助，可对其定向累积误差进行校正，微小型无人机常用的微惯导系统如 STIM300、KY-IMU112 等，其最优定向精度约 0.5°。现有仿生偏振光罗盘在晴天理想工作条件下的定向精度可优于 0.5°，可与微惯导系统组合应用。但当载体倾斜或受雾霾、沙尘及遮挡等恶劣环境干扰时，其定向误差会迅速增加，达到几度甚至几十度，以至于无法对微惯导系统定向误差予以校正。因此，开展面向上述复杂环境条件下的仿生偏振光罗盘 / 惯导组合定向误差处理方法研究工作十分必要。

第3章

仿生偏振光罗盘噪声处理技术

从仿生偏振光罗盘静态和动态测试结果来看，航向解算精度严重受罗盘噪声影响。这种噪声不仅来源于罗盘偏振图像传感器采集的偏振图像，还来源于罗盘电路，并最终体现在罗盘输出的航向角数据上。因此，本章着重研讨仿生偏振光罗盘噪声分析及去噪方法。首先，探索仿生偏振光罗盘的噪声类型及其产生机理，并对噪声特性进行分析；其次，研究仿生偏振光罗盘的去噪算法，提出基于多尺度变换（MST）的偏振角图像去噪方法和航向角数据去噪方法，将这两种方法结合起来，可以有效降低不同类型噪声对偏振光罗盘定向精度的影响；最后，通过测试验证并详细分析基于多尺度变换的偏振角图像去噪方法和航向角数据去噪方法在显著提高偏振光罗盘定向精度的优越性。

3.1 仿生偏振光罗盘噪声分析

由前面阐述的仿生偏振光罗盘定向误差处理方法国内外研究现状可知，现有仿生偏振光罗盘定向方法对噪声分析及处理方法研究较少，导致航向测量精度受噪声影响严重，因此，对仿生偏振光罗盘噪声产生机理及特性进行综合分析，有助于提高仿生偏振光罗盘定向精度。

3.1.1 偏振角图像噪声产生机理及特性分析

根据偏振光成像原理和航向角数据来源开展仿生偏振光罗盘噪声产生机理研究，不仅有助于分析偏振角图像及航向角数据的噪声类型及特征，还对选择、设计合适的偏振角图像去噪方法和航向角数据去噪方法具有重要的指导意义。

仿生偏振光罗盘偏振成像系统是由高深宽比像素级亚波长金属偏振光栅、感光芯片和 FPGA 硬件电路组成的单目图像传感器。该系统的成像原理如下：通过一块透镜增加感光芯片入射光强度，高深宽比像素级亚波长金属偏振光栅阵列中每个像素单元获取经大气粒子散射后的 0°、45°、90°、135° 方向偏振光信号。感光芯片在图像传感器曝光过程中，光子落在反向偏置光电二极管上，使该光电二极管上的反向电压降低；在曝光结束时测量或读取通过光电二极管的电压，并为曝光重置光电二极管，将光信号转换成电信号后，通过模数转换器对该电信号进行数字化处理，最后生成偏振图像。

由上述成像原理可知，在仿生偏振光罗盘内，偏振成像系统的噪声主要由光子波动、像素电路中光电转换、电子波动及最后模拟信号与数字信号之间的转换产生。由光子波动产生的噪声主要包括散粒噪声、光响应非均匀性噪声、暗电流非均匀性噪声、串扰噪声等[79]。具体产生机理及特性分析如下。

（1）散粒噪声。

散粒噪声 n_{shot} 是一种与时间相关的随机暂态噪声，包括光子散粒噪声 n_{photon} 和暗电流散粒噪声 n_{dark}。光本身的量子性质决定了入射到光电二极管的光子数量的不确定性，光子计数的这种波动，以及入射光子经光电二极管转化成电子越过光电二极管 PN 结时在偏振图像中产生的噪声称为光子散粒噪声。n_{photon} 可以表示为积分时间内产生的电荷信号 N_{signal} 的平方根，即：

$$n_{\text{photon}} = \sqrt{N_{\text{signal}}} \tag{3.1}$$

暗电流散粒噪声 n_{dark} 是由光电子热运动产生的噪声，且偏振成像系统中任何单帧图像中暗电流像素值都会受到相关散粒分量影响。n_{dark} 与暗电流直接相关，其大小可以表示为积分时间 t 内产生的暗电荷数量 N_{dark} 的平方根，即：

$$n_{\text{dark}} = \sqrt{N_{\text{dark}}} = \sqrt{\frac{I_{\text{dark}} \cdot t}{q}} \tag{3.2}$$

其中，q 表示电荷量，I_{dark} 表示暗电流值。因此，光照条件下的 n_{shot} 可以表示为

$$n_{\text{shot}} = n_{\text{photon}} + n_{\text{dark}} \tag{3.3}$$

（2）光响应非均匀性噪声。

光响应非均匀性噪声是由于加工器件工艺不同，导致偏振成像系统所有像素

对光异步响应而产生的一种与时间无关的固定模式噪声，这通常被认为是一个像素增益失配现象。近年来，图像传感器像素尺寸向越来越小的趋势发展，使得制造相同像素的成像系统越来越困难，因此该类型噪声变得越来越明显。

（3）暗电流非均匀性噪声。

偏振成像系统采集偏振图像时需要处于长时间曝光工作模式中，所以在整个像素阵列中由于不同像素产生不同量的暗电流，这种现象称为暗电流非均匀性噪声。该噪声也是一种与时间无关的固定模式噪声。

尤其是在弱光环境中，由于像素阵列中一小部分像素受暗电流噪声影响，采集的图像会出现“白点”。特别是当两个“白点”像素在图像中相邻时，将产生难以去除的耦合影响。此外，暗电流噪声的产生与温度有很大的关系，在晶体硅中温度每升高 6～8℃，暗电流噪声将会增加一倍。

（4）串扰噪声。

偏振成像系统内像素间串扰是由光子串扰和传播串扰两种不同机制引起的。串扰导致图像颜色混合模糊，并在后期颜色重建后降低整个图像信噪比。与光响应非均匀性噪声一样，随着像素尺寸越来越小，串扰噪声越来越严重。

由像素电路产生的噪声主要包括热噪声、低频闪烁噪声、复位噪声、行噪声和列噪声等[80]，具体产生机理及特性分析如下。

（1）热噪声。

热噪声是由光电器件内电子随机热振动产生的一种随机暂态噪声，存在于偏振成像系统电路中的电阻、源极跟随器、读出晶体管、输出放大器、模数转化器中。热噪声的电压U表达式为

$$U=\sqrt{\frac{4\mathrm{k}T\alpha}{g}\Delta f} \tag{3.4}$$

式中，k 是玻尔兹曼常数，T 是偏振成像系统热力学温度，g 是 MOS 晶体管跨导，Δf 是带宽，α 是 MOS 晶体管工作模式相关系数，对于给定晶体管，α 是常数。

（2）低频闪烁噪声。

低频闪烁噪声是由硅晶体中随机捕获和发散载流子调节通道电导产生的，它是源极跟随器噪声的主要组成部分。因为低频闪烁噪声大小与器件工作频率成反比，所以也称 $1/f$ 噪声。它的电流 i 的表达式为

$$i=\sqrt{\frac{K_f}{C_G W_G L_G}\cdot\frac{\Delta f}{f}} \tag{3.5}$$

式中，K_f 是工艺相关常数，f 是器件工作频率，C_G 是单位面积栅电容，W_G 和 L_G 分别表示栅宽和栅长。

（3）复位噪声。

复位噪声是当浮置扩散电容被复位时，该电容节点产生的噪声。在 CMOS 图像传感器中，复位噪声出现在电荷检测节点的复位阶段[81]。它的电荷 q_n 的表达式为

$$q_n=\sqrt{\mathrm{k}TC} \tag{3.6}$$

式中，k 是玻尔兹曼常数，T 是偏振成像系统热力学温度，C 是电容。由式（3.6）可知，复位噪声只与上述三个参数有关，所以也称 kTC 噪声。

（4）行噪声。

当像素给定行在复位晶体管中复位时，该行中所有像素将暴露在通过复位线、传输门或读取晶体管的噪声中，且具有固定时间分量，称为行噪声。

（5）列噪声。

列噪声是由像素电路复位过程中采样与保持电容之间失配、列放大器与偏振光罗盘垂直线之间失配产生的。

（6）量化噪声。

量化噪声是由于偏振成像系统模数间进行转换产生的。在像素电路模数转换器中的数字斜坡计数器通常具有恒定步长，从而导致输入信号产生线性量化噪声。

3.1.2　航向角数据噪声产生机理及特性分析

偏振成像系统将采集的偏振角图像，通过 FPGA 硬件电路解算得到航向角数据，因此由 FPGA 硬件电路产生的噪声会对航向角数据带来不可忽略的影响。

FPGA 硬件电路噪声主要包括读出电子热噪声、低频闪烁噪声（也称 $1/f$ 噪声）、随机电报信号噪声和行 / 列噪声等。此外，仿生偏振光罗盘电路中的模拟—数字信号转换也会产生不可忽视的量化噪声。这些类型的噪声存在于偏振光罗盘输出的航向角数据中。其中，偏振光罗盘中出现的行噪声由时间偏移和固定偏移组成，源于从复位释放的所有给定像素行；列噪声是由采样 / 保持电容器复位、列放大器与偏振光罗盘垂直线之间失配产生的。上述航向角数据噪声特性类似于偏振成像系统像素电路产生的噪声特性，在此不再赘述。

仿生偏振光罗盘综合噪声模型如图 3.1 所示，具体的噪声成分汇总于表 3.1 中。

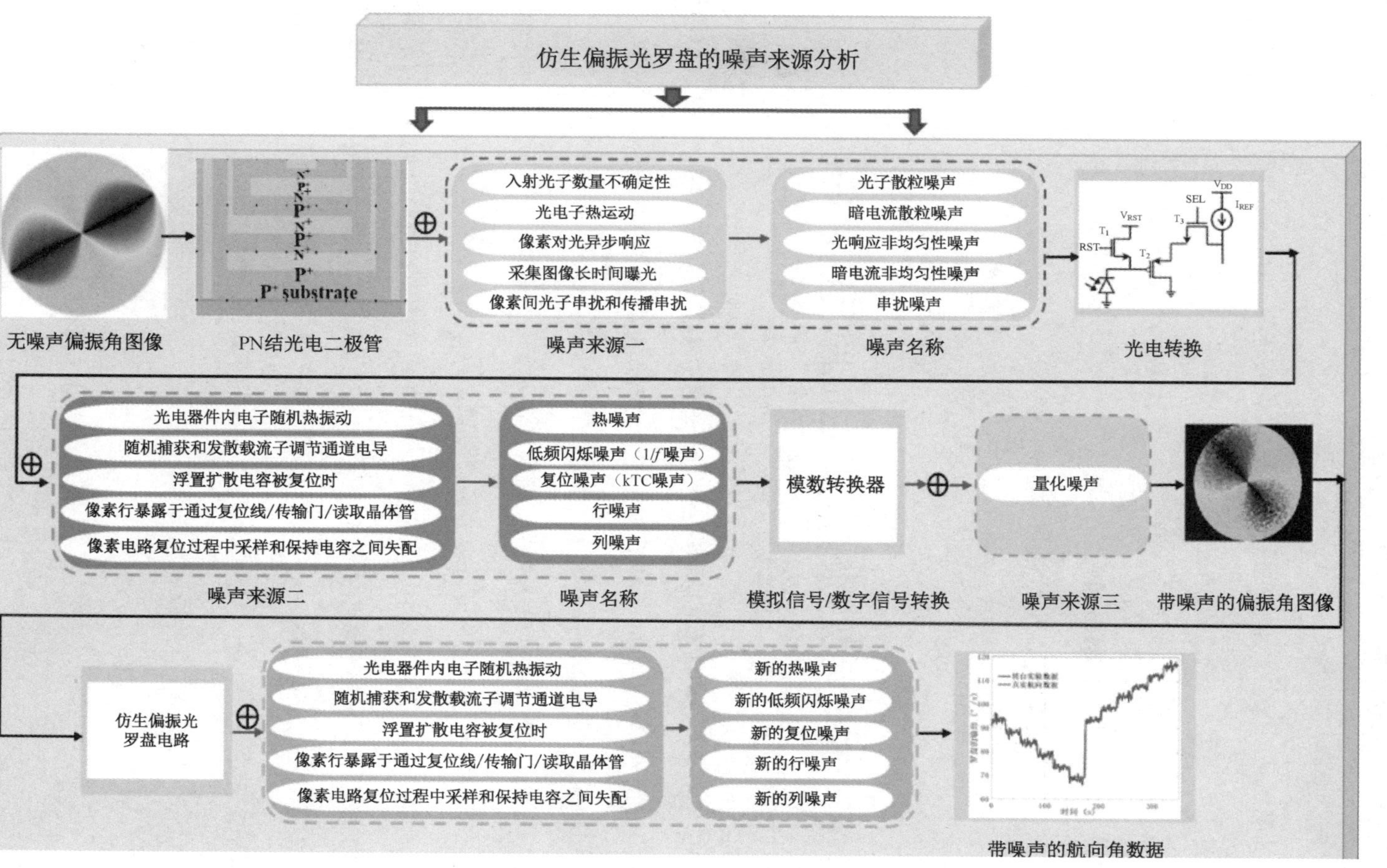

图 3.1　仿生偏振光罗盘综合噪声模型

表 3.1 仿生偏振光罗盘噪声成分表

序号	噪声分类	噪声名称	噪声来源	噪声影响
1	外部噪声	外部噪声	外部环境干扰	偏振角图像
1	内部噪声	光子散粒噪声	由于入射到光电二极管光子数量不确定导致	偏振角图像
2		暗电流散粒噪声	光电子热运动	
3		光响应非均匀性噪声	像素对光异步响应	
4		暗电流非均匀性噪声	采集图像时长时间曝光	
5		串扰噪声	像素间光子串扰和传播串扰	
6		热噪声	光电器件内电子随机热振动	
7		低频闪烁噪声	随机捕获和发散载流子调节通道电导	
8		复位噪声	浮置扩散电容被复位	
9		行噪声	像素行暴露于复位线、传输门等	航向角数据
10		列噪声	像素电路复位过程中采样和保持电容之间失配	
11		量化噪声	偏振光罗盘模数间转化	

3.2 基于多尺度变换的仿生偏振光罗盘图像去噪技术

由上节介绍的仿生偏振光罗盘噪声产生机理和特性可知，偏振光罗盘噪声不仅来源于偏振成像系统获取的偏振角图像，航向角数据也受罗盘电路噪声影响严重，最终导致仿生偏振光罗盘定向精度显著降低。

针对图像噪声问题，由数学和统计学发展产生的图像去噪方法得到广泛应用，如全变分（Total Variation，TV）、非局部滤波（Non-Local Means，NLM）、稀疏滤波（Sparse Filtering Method，SFM）、经验模态分解（Empirical Mode Decomposition，EMD）等方法。Rudin 等提出了一种全变分（TV）去噪方法[82]，该方法通过假设图像由少量分段常数集、少量不连续点和边缘组成，然后利用约束优化模型去除图像噪声。该去噪方法对分段常数图像去噪效果很好，但对非精确常数图像存在“阶梯效应”。为此，Louchet 和 Moisan 等分别提出了全变分方法与其他算法相结合进行去噪，但是这些方法只对加性高斯噪声和泊松噪声特殊情况有效[83]。为了扩大去除图像噪声类型范围，Buades 等提出了基于非局部滤波（NLM）去噪方法，然而该方法对于含有特殊目标图像的去噪效果易受到噪声“光圈效应”影响[84]。Deledalle 等提出了改进的 NLM 去噪方法，但这些方法运行速度慢，去噪后图像会出现平滑伪影现象[85]。与 NLM 方法相比，稀疏滤波（SFM）方法首先对噪声图像进行变换，然后对变换后的图像进行去噪处理。SFM 最具代表性的两种方法：小波软阈值法和三维块匹配滤波法（Block-Matching and 3D Filtering，BM3D）。小波软阈值法去噪后的图像质量通常较好，但会产生较大的伪影，尤其是在去噪图像边缘附近[86]；BM3D 通过变换域中增强稀疏表示进行去噪处理[87]，但 BM3D 主要对加性高斯白噪声抑制有效。与上述传统图像去噪方法不同，Huang 等提出了经验模态分解方法（EMD），该方法根据信号在物理域中频率高低不同可自适应地将其分解为本征模态函数（Intrinsic Mode Functions，IMFs），并通过筛选迭代过程估计 IMFs[88]。EMD 为非平稳信号自适应多尺度分析提供了强有力工具，因此被广泛应用于各个领域。

关于偏振成像系统去噪问题，目前最新进展是通过基于主成分分析（Principal Component Analysis，PCA）的彩色滤波图像和分焦平面（Division of Focal Plane，DoFP）偏振仪偏振图像分割去噪方法来实现灰度图像和单色图像去噪[89]。文献[90]对分焦平面（DoFP）偏振仪中基于 Stokes 参数的信噪比、理论估计及测量结果进行了分析。文献[91]通过采用与输入偏振态无关的噪声方差均衡特性对 Stokes 偏振仪的 Poisson 散粒噪声进行最小化处理。针对 DoFP 偏振图像中的 Gaussian 噪声处理方法，如基于剩余稠密网络学习方法[92]、块匹配和 BM3D 滤波算法[93]、K 次奇异值分解（K Singular Value Decomposition，K-SVD）[94]、BM3D 与 KSVD 相结合[95]等。

由上述分析可以看出，尽管已有各种图像去噪方法，但是现有各种图像去噪方法都是针对某一类型的噪声进行抑制，缺乏对各种类型噪声的综合处理，而针对仿生偏振光罗盘航向角数据去噪的方法目前还未见报道。因此，本节在 3.1 节仿生偏振光罗盘噪声分析基础上，提出一种基于多尺度变换（MultiScale Transform，

MST）的新型偏振角图像去噪方法和航向角数据去噪方法。

3.2.1 基于多尺度变换的偏振角图像去噪技术

基于多尺度变换（MultiScale Transform，MST）的新型偏振角图像去噪方法的原理是，首先采用二维经验模态分解（Bi-dimensional Empirical Mode Decomposition，BEMD）法将原始含噪偏振角图像通过不断迭代筛选，自适应地分解为多个不同的二维图像本征模态函数（Bi-dimensional Intrinsic Mode Function，BIMF），然后采用相应的图像去噪算法进行偏振角图像去噪处理。

J C Nunes 等于 2003 年提出的二维经验模态分解（BEMD）是经验模态分解（EMD）的二维形式。EMD 无须预设或给定基函数，而是根据给定输入信号本身特征将非线性、非平稳信号分解成多个频率 IMFs 的一种自适应图像信号多尺度分解方法[96]。所以，BEMD 作为 EMD 扩展技术，也是一种受输入信号驱动可将给定图像信号自适应分解为一系列 BIMF 分量和残差分量（Residual）的图像分析技术。不同 BIMF 分量代表图像信号在不同尺度上的具体细节信息，残余分量（Residual）代表图像信号的轮廓信息。低阶 BIMF 表示高频噪声模式，高阶 BIMF 表示低频信号模式，而且各分量 BIMF 之间局部正交，能够有效反映原始图像特征信息。因此，该算法现已被广泛应用于遥感、信号分析、生物医学及组合导航等领域。

对于给定 $m \times n$ 二维噪声图像 $f(x,y)$，BEMD 原理具体表示如下[97]：

Step1：初始化 $m \times n$ 图像信号 $f(x,y)$。

$$F_{i,j-1}(x,y)=f(x,y), i=1, j=1, (x,y)\in[0,m]\times[0,n] \tag{3.7}$$

Step2：计算 $F_{i,j-1}(x,y)$ 的极大值点集 $\max_{i,j-1}(x,y)$ 和极小值点集 $\min_{i,j-1}(x,y)$。

Step3：根据极大值点集 $\max_{i,j-1}(x,y)$ 和极小值点集 $\min_{i,j-1}(x,y)$ 插值拟合分别得到 $F_{i,j-1}(x,y)$ 上包络曲面 $eu_{i,j-1}(x,y)$ 和下包络曲面 $el_{i,j-1}(x,y)$。

Step4：根据上下包络曲面计算包络均值 $E_{i,j}(x,y)$。

$$E_{i,j}(x,y)=\frac{eu_{i,j-1}(x,y)+el_{i,j-1}(x,y)}{2} \tag{3.8}$$

Step5：计算新的中间变量 $N_{i,j-1}(x,y)$。

$$N_{i,j-1}(x,y)=F_{i,j-1}(x,y)-E_{i,j-1}(x,y) \tag{3.9}$$

Step6：判断 $N_{i,j-1}(x,y)$ 是否满足筛选 BIMF 终止准则 SD。

$$\mathrm{SD}=\frac{\sum_{x=1}^{m}\sum_{y=1}^{n}\left|N_{i,j-1}(x,y)-F_{i,j-1}(x,y)\right|}{\sum_{x=1}^{m}\sum_{y=1}^{n}\left|F_{i,j-1}\right|^{2}} \tag{3.10}$$

如果 $\mathrm{SD}<\varepsilon$（ε 通常取值 0.2～0.3），则 $N_{i,j-1}(x,y)$ 获得第 i 个 BIMF，即 $\mathrm{BIMF}_i(x,y)=N_{i,j-1}(x,y)$；否则更新 $j=j+1$，$F_{i,j-1}(x,y)=N_{i,j-2}(x,y)$，重复 Step1～Step6。

Step7：计算新的残余分量 $r_{i,0}(x,y)$。

$$r_{i,0}(x,y)=r_{i-1,0}(x,y)-N_{i-1,j-1}(x,y) \tag{3.11}$$

当新的残余分量 $r_{i,0}(x,y)$ 的极值点个数小于 3 或者达到每个 BIMF 要求的约束条件时，可获得最终残余分量 $r(x,y)=r_{i,0}(x,y)$ 并结束 BEMD 分解过程，否则重复 Step1～Step7。每个 BIMF 需满足两个约束条件：（1）BIMF 极值总数应该等于过零次数，或最多相差 1；（2）BIMF 任意点局部极值定义的上、下包络曲面均值应该等于零。给定$m \times n$二维噪声图像$f(x,y)$分解结果表示为

$$f(x,y)=\sum_{i=1}^{L}\mathrm{BIMF}_i(x,y)+r(x,y) \tag{3.12}$$

式中，$\mathrm{BIMF}_i(x,y)$为 BEMD 分解获得的第 i 个 BIMF 分量，L 为 BIMF 分量的总数量。

以本书研究的偏振角图像为例，BEMD 分解图如图 3.2 所示。图 3.2（a）为源图像，图 3.2（b）～（k）是高频到低频的 BIMF 分量，图 3.2（l）是残余分量。

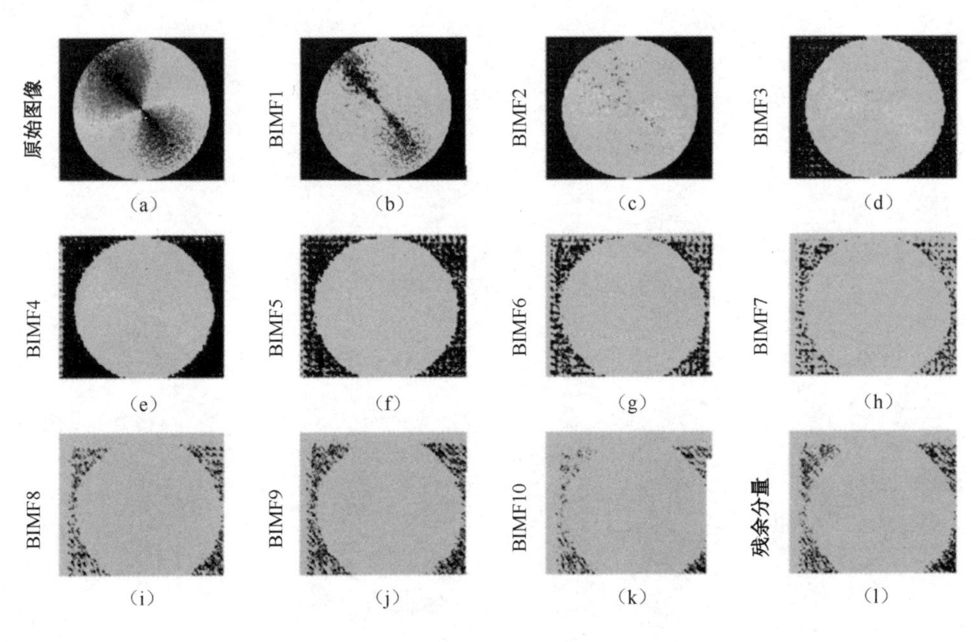

图 3.2　偏振角图像的 BEMD 分解图

3.2.2 基于 BEMD 的 MS-PCA 仿生偏振光罗盘图像去噪技术

由上节分析可知，基于多尺度变换（MST）的新型偏振角图像去噪方法，通过 BEMD 可将原始噪声图像自适应地分解为多个频率由高到低分布的 BIMF 和一个残余分量。本节针对原始噪声偏振角图像提出一种基于 BEMD 的多尺度主成分分析（MultiScale Principal Component Analysis，MS-PCA）偏振角图像去噪方法。

主成分分析（PCA）法是一种数据降维算法，通过计算 n 维数据矩阵的协方差矩阵特征值和特征向量，选取 k 个大特征值对应的特征向量组成 k 维矩阵，这个新的 k 维正交特征矩阵被称为主成分，即在原来 n 维特征数据的基础上构造出新的 k 维特征数据，最终实现对数据的降维处理[98]。该方法在图像数据去噪方面得到广泛应用。受此启发，本节进一步研究了一种基于 BEMD 的 PCA 偏振角图像去噪方法。该方法的核心步骤包括 BEMD 分解、BIMF 分类、PCA 图像去噪算法阈值选择等，具体过程如下所述。

Step1：BEMD 分解原始偏振角噪声图像。

基于 BEMD 的 MS-PCA 偏振角图像去噪方法首先采用 3.2.1 节介绍的 BEMD 图像分解法将原始偏振角噪声图像 $f(x,y)$ 分解为多个频率不同的 BIMF 和一个残余分量 $r(x,y)$，即：

$$f(x,y)=\sum_{i=1}^{L}\mathrm{BIMF}_i(x,y)+r(x,y) \tag{3.13}$$

Step2：BEMD 分解结果分类。

根据本研究内容需要提取有价值的太阳子午线信息，同时减少对每个 BIMF 的去噪计算量，因此本节采用一维图像熵（1D-IE）作为分类准则将 BIMF 分为太阳子午线主导 BIMF（S-BIMF）和非太阳子午线主导 BIMF（NS-BIMF）。该分类方法基于 1D-IE 区间相似性，当太阳子午线信息从 BIMF 中消失时，1D-IE 值会发生急剧变化，因此，具有从高频到低频连续相似特征的 1D-IE 值被视为太阳子午线主导 BIMF（S-BIMF），其余的 BIMF 被视为非太阳子午线主导 BIMF（NS-BIMF）。

图像熵是图像特征的一种统计形式，它反映了图像中的平均信息量。一维图像熵（1D-IE）表示图像中灰度分布的聚集特征所涉及信息量，其数学表达式为

$$H = \sum_{i=0}^{255} P_i \log_2 P_i \tag{3.14}$$

式中，P_i 表示图像中具有灰度值的像素的比例。H 越大，表示图像轮廓信息越丰富；相反，H 越小，意味着有用信号越少。

Step3：偏振角图像去噪算法阈值自适应选择。

为了在有效去除偏振角图像噪声的同时最大限度地保持太阳子午线主导 BIMF（S-BIMF）信息，本节采用基于主成分贡献率（R_P）的 PCA 图像去噪算法对 1D-IE 分类后各个尺度的 S-BIMF 进行去噪。主成分贡献率（R_P）由每个 BIMF 图像协方差矩阵的特征值（λ_i）与整个图像 BIMF 协方差矩阵的特征值之和（$\sum_{i=1}^{L}\lambda_i$）的商比确定，即 $R_P = \lambda_i / \sum_{i=1}^{L}\lambda_i$ [99]。

Step4：偏振角图像去噪。

根据 Step3 中计算的主成分贡献率（R_P），采用 PCA 去噪算法自适应地去除

各个尺度 S-BIMF 的固有噪声，舍弃 NS-BIMF。

Step5：重建去噪后 BIMF 图像。

对去噪后 S-BIMF 进行重构，得到最终去噪后的偏振角图像。

整个 MS-PCA 偏振角图像去噪算法流程如表 3.2 和图 3.3 所示。

表 3.2　MS-PCA 偏振角图像去噪算法流程

算法 1：MS-PCA
要求：偏振角图像信号 $f(x, y)$
分解
1：通过 BEMD 将原始偏振角图像 $f(x, y)$ 分解成 L 个 BIMF 和一个残余分量 $r(x, y)$
分类
2：for i = 1 to L do
3：根据式（3.14）计算每个 BIMF 的一维图像熵(ID-IE)
4：将 BIMF 分成两类：S-BIMF 和 NS-BIMF
去噪
5：计算主成分贡献率 R_P
6：根据 R_P 确定每个尺度 S-BIMF 的 PCA 图像去噪算法
7：不同的 PCA 去除不同的 S-BIMF 噪声，舍弃 NS-BIMF
8：重建去噪后的 S-BIMF
9：结束

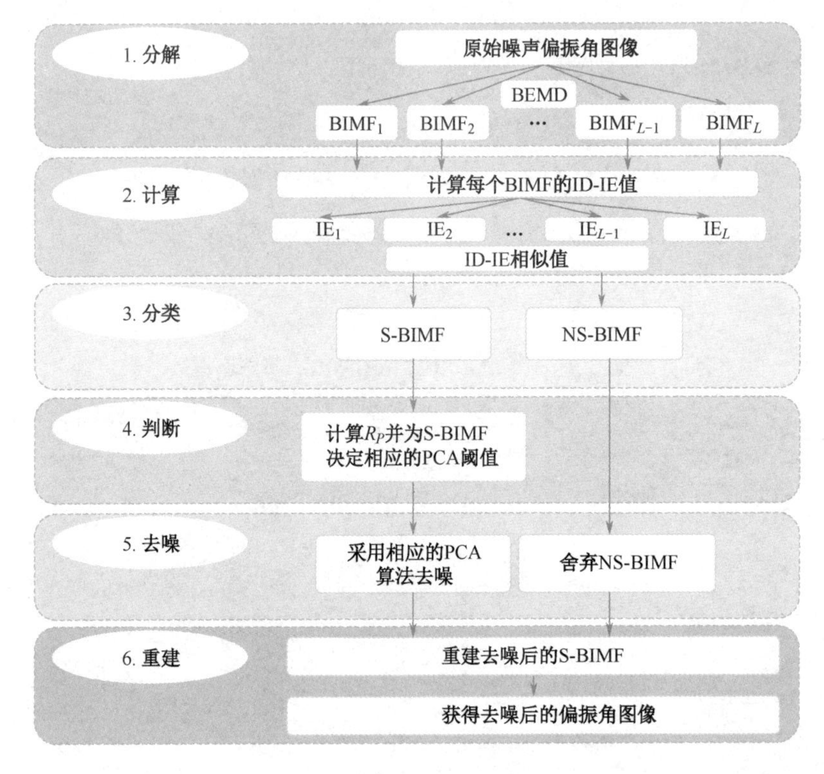

图 3.3　MS-PCA 偏振角图像去噪算法流程

3.2.3　基于 BEMD 的 MS-PCA 偏振角图像去噪方法验证

基于 BEMD 的 MS-PCA 偏振角图像去噪方法的评估工作从两个方面入手，一方面，采用去噪前后偏振角图像的标准差（SD）和平均梯度（MG）两个典型指标从性能上进行评估；另一方面，采用时间复杂度（TC）和空间复杂度（SC）两个典型指标从算法效率上评估。由于基于 BEMD 的 MS-PCA 偏振角图像去噪方法是对原始偏振图像直接进行去噪，不额外添加噪声，因此无法用信噪比（SNR）这个指标来评估。

对于一个给定$m\times n$二维噪声图像$f(x,y)$，标准差（SD）是表示偏振角图像灰度值与平均偏振角图像灰度值之间的离散程度。SD越小，说明偏振角图像灰度值与平均偏振角图像灰度值之间差异越小，其数学表达式为

$$\mathrm{SD}=\sqrt{\frac{1}{m\times n}\sum_{x=1}^{m}\sum_{y=1}^{n}\left[G(x,y)-E\right]} \tag{3.15}$$

式中，$G(x, y)$表示偏振角图像坐标点(x, y)的灰度值；E表示平均偏振角图像灰度值，其数学表达式为

$$E=\frac{1}{m\times n}\sum_{i=1}^{m}\sum_{j=1}^{n}G(x,y) \tag{3.16}$$

平均梯度（MG）用来衡量去噪前后图像清晰度。MG越大，说明图像越清晰，其数学表达式为

$$\mathrm{MG}=\sqrt{\frac{\sum_{x=1}^{m-1}\sum_{y=1}^{n-1}\left[\left(G(x,y)-G(x+1,y)\right)^2+\left(G(x,y)-G(x,y+1)\right)^2\right]}{2\times(m-1)\times(n-1)}} \tag{3.17}$$

时间复杂度（TC）通过硬件系统执行该算法所需时间来评估程序对处理器的使用程度，需通过下位机运行测试获得。空间复杂度（SC）通过执行该算法所需存储空间来评估程序对处理器内存的使用程度。在复杂度计算中，所涉及算子都需要估计。因此，需设置加法（ADD）、减法（SUB）、乘法（MUL）、定义（DEF）、比较（CMP）和除法（DIV）。

将S定义为偏振角图像信号的长度，K表示BIMF数量，N表示该算法循环和迭代最大值。通过逐一计算，MS-PCA 偏振角图像去噪算法的时间复杂度和

空间复杂度如表 3.3 所示。从表中结果及数量级关系 $O(N!) > O(N^3) > O(N^2) > O(2N\log_2{}^{2N}) > O(N) > O(\log_2{}^{2N}) > O(1)$ 可以看出，MS-PCA 图像去噪算法的时间复杂度和空间复杂度分别为多项式 $O(N^2)$ 阶和线性 $O(N)$ 阶。因此，MS-PCA 偏振角图像去噪方法是一种有效的多项式时间可解算法。

表 3.3　MS-PCA 偏振角图像去噪算法的时间复杂度和空间复杂度

函数	时间	空间
初始值	11DEF·S	[3+4·S+4·2S] float
局部极值点	O(N^2)	[15S+11+2N·S] float
包络估计	3DEF+(3CMP+4ADD+2SUB+5DEF) ·K·N·S	[5+4N·S] float
包络均值	(6CMP+5ADD+2SUB+1DIV) ·K·N·S	[28+7·S] float
迭代筛选	(2ADD+6DEF+4CMP) ·N·S	[4+N·K] float
复杂度	O(N^2)	O(N)

为了验证 MS-PCA 偏振角图像去噪方法的有效性和实用性，将在晴天和沙尘天气环境中分别进行试验。

（1）晴朗天气试验验证。

本次试验于 2021 年 5 月 7 日（15:30—17:00）在校园足球场进行。试验系统以自制仿生偏振光罗盘、TBR100 三轴转台、高精度光纤 / 卫星（FOG-INS/GNSS）组合导航系统（IMU-KVH 1750 / 加拿大 NovAtel PW7720）作为测量基准（参考航向精度为 0.035°），试验设备参数及其特点如表 3.4 和图 3.4 所示。

表 3.4　试验设备参数

仿生偏振光罗盘	偏振测量单元	高深宽比像素级亚波长金属偏振光栅
	感光芯片	IMX250LQR
	硬件电路	FPGA 硬件电路
	定向精度	0.035°

续表

TBR100 三轴转台	型号	卓立汉光 TBR100
	全阶跃分辨率（°）	0.01
	最大速度（°/s）	20
	定向精度（°）	≤0.05

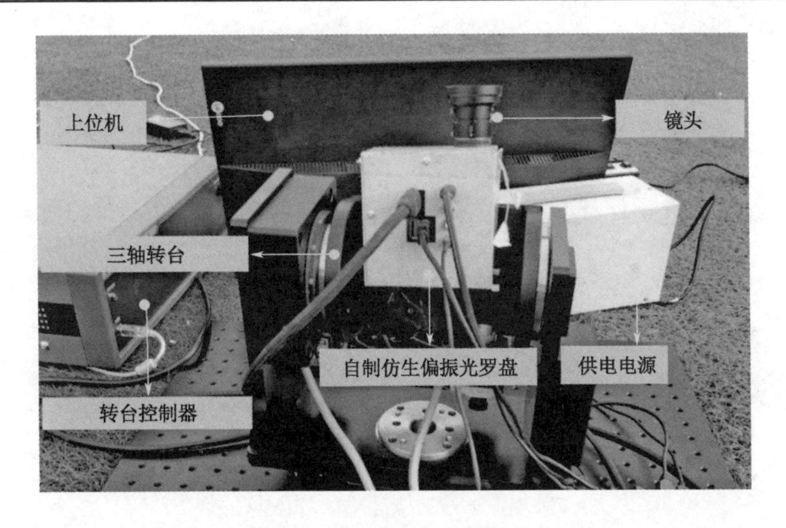

图 3.4 晴天静态试验设备

将上述试验系统采集的原始偏振角图像通过 BEMD 自适应地分解为 10 个 BIMF（即 $BIMF_1$、$BIMF_2$、$BIMF_3$、…、$BIMF_{10}$）和一个残余分量，如图 3.5 所示。显然，$BIMF_1$ 所含的太阳子午线比 $BIMF_2$ 的太阳子午线清晰很多，而且从 $BIMF_3$ 到残余分量太阳子午线信息逐渐减少。

分解后的 BIMF 和残差分量将通过一维图像熵（1D-IE）进一步分为太阳子午线主导 BIMF（S-BIMF）和非太阳子午线主导 BIMF（NS-BIMF），具体过程是首先计算分解后每个 BIMF 和残差分量的 1D-IE 值，结果见表 3.5；其次，利用 1D-IE 值区间相似性规律，将 BIMF 序列中 $BIMF_1$ 到 $BIMF_5$ 归为太阳子午线主导 BIMF（S-BIMF），从 BIMF 到残差分量归为非太阳子午线主导 BIMF（NS-BIMF）；最后，对 S-BIMF 的每个 BIMF 采用基于主成分贡献率的 PCA 图像去噪方法进行去噪处理，同时去除 NS-BIMF。MS-PCA 偏振图像去噪算法的完整参数设置见表 3.6，原始偏振角图像的去噪结果如图 3.6 所示。

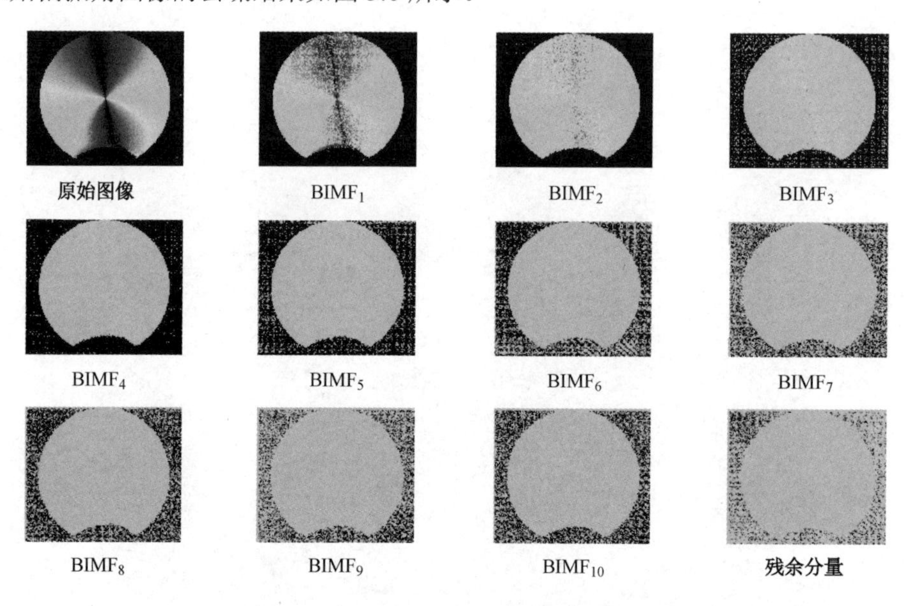

图 3.5　晴天偏振角原始图像及 BEMD 分解图像

表 3.5　晴天通过 BEMD 分解后的每个 BIMF 及残余分量 1D-IE 值

	$BIMF_1$	$BIMF_2$	$BIMF_3$	$BIMF_4$	$BIMF_5$	$BIMF_6$	$BIMF_7$	$BIMF_8$	$BIMF_9$	$BIMF_{10}$	残差分量
1D-IE	0.9056	0.3199	0.3020	0.0284	0.0778	0.4102	0.3125	0.3785	0.3455	0.3316	0.3039

表 3.6　晴天 MS-PCA 偏振图像去噪算法参数设置

	$BIMF_1$		$BIMF_2$		$BIMF_3$		$BIMF_4$		$BIMF_5$	
MS-PCA 参数	λ_1	R_{p1}	λ_2	R_{p2}	λ_3	R_{p3}	λ_4	R_{p4}	λ_5	R_{p5}
参数值	0.0929	0.1107	0.0918	0.1093	0.0988	0.1177	0.0942	0 .1123	0.0905	0.1078

采用 MS-PCA 偏振角图像去噪方法与现有其他图像去噪方法（如 BM3D、PDRDN 和 BM3D-KSVD），对采集的 0°、45°、90°、135° 四张原始偏振角图像进行去噪后，MG 和 SD 指标值见表 3.7。从表中可以看出，MS-PCA 偏振角图像

去噪方法的 SD 和 MG 均取得最优值，说明 MS-PCA 偏振角图像去噪方法的性能最佳。

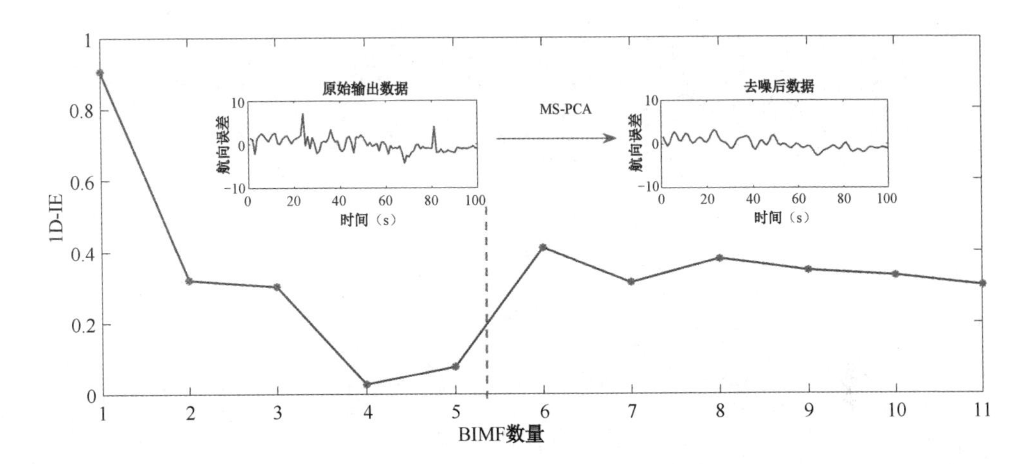

图 3.6 晴天 BIMF 分类及太阳子午线主导的 BIMF 经 MS-PCA 去噪后结果

表 3.7 晴天不同偏振角图像去噪方法的 MG 和 SD 指标值

图像	指标	原始图像	BM3D	PDRDN	BM3D-KSVD	MS-PCA
1	SD	24.2986	22.8239	21.1726	21.1337	21.0886
	MG	0.1429	0.5720	0.3466	1.1201	1.1254
2	SD	24.3252	22.8836	21.2087	21.1779	21.1009
	MG	0.1426	0.5768	0.3607	1.0249	1.1263
3	SD	24.2494	20.6396	21.1557	21.1198	21.0363
	MG	0.1615	0.6755	0.3507	1.0503	1.1437
4	SD	24.2953	22.8207	21.2013	21.1619	21.0864
	MG	0.1422	0.5736	0.3403	1.0109	1.1201

静态试验采集的偏振角图像，采用 MS-PCA 和其他图像去噪方法去除噪声后所得的航向角误差如图 3.7 所示。观察图中各条航向角误差曲线，可知 MS-PCA 偏振角图像去噪方法可以有效地降低航向误差。

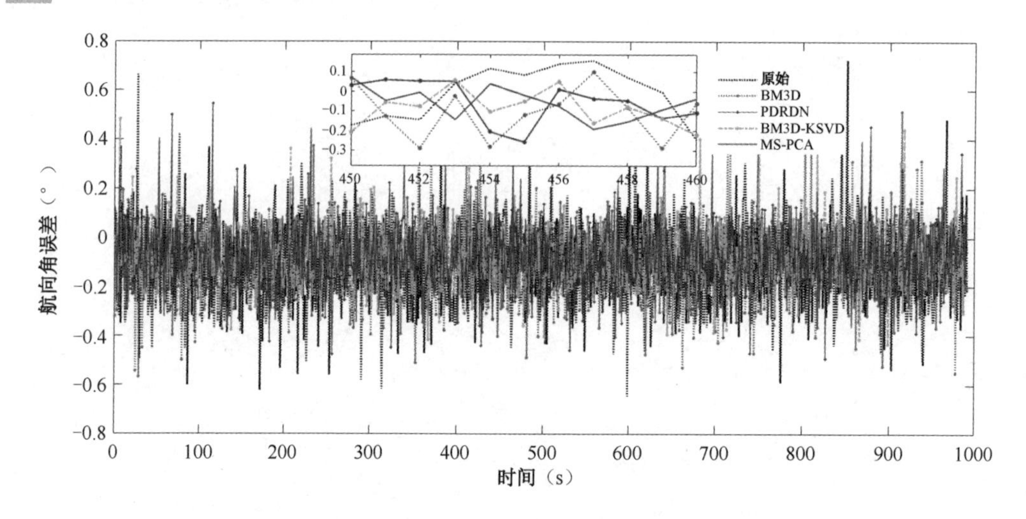

图 3.7　晴天静态试验采用不同偏振角图像去噪方法去噪后的航向角误差

表 3.8 列出了采用 BM3D、PDRDN、BM3D-KSVD、MS-PCA 图像去噪方法去除噪声后解算出的静态航向角误差数据的均值（Mean）、标准差（SD）和均方根误差（RMSE），从表中指标可以看出，采用 MS-PCA 图像去噪方法去除噪声后解算出的航向角误差 Mean、SD 和 RMSE 分别为 0.0730°、0.1060° 和 0.1287°，均低于采用 BM3D、PDRDN 和 BM3D-KSVD 方法得到的指标。该方法在保留有用的太阳子午线信息的同时，可以有效降低偏振角图像噪声，最终提高仿生偏振光罗盘定向精度。

表 3.8　晴天静态试验航向角误差指标对比

算法	Mean（°）	SD（°）	RMSE（°）	UA（°）
原始数据	0.1272	0.1837	0.2193	0.0034
BM3D	0.1115	0.1590	0.1933	0.0039
PDRDN	0.0963	0.1374	0.1642	0.0044
BM3D-KSVD	0.0811	0.1226	0.1463	0.0051
MS-PCA	0.0730	0.1060	0.1287	0.0058

（2）沙尘天气环境下试验验证。

本次试验于 2021 年 3 月 16 日（10:00—12:30）在校园工程训练中心大楼平台进行。试验系统由一个国产 SLM-6S 无人机代替晴天试验使用的三轴转台，其余试验系统同晴天试验系统，沙尘天气试验设备如图 3.8 所示。

图 3.8 沙尘天气试验设备

同样，将上述试验系统采集的原始沙尘天气偏振角图像基于 BEMD 自适应地分解为 10 个 BIMF（即 $BIMF_1$、$BIMF_2$、$BIMF_3$、…、$BIMF_{10}$）和一个残余分量，如图 3.9 所示。显然，$BIMF_1$ 中所包含的太阳子午线信息最丰富，从 $BIMF_2$ 到 $BIMF_{10}$ 所包含的太阳子午线信息逐渐减少。

首先，计算分解后的每个 BIMF 和残差分量的 1D-IE 值，结果见表 3.9；然后，利用一维图像熵（1D-IE）的区间相似性将分解后的 BIMF 和残差分量分为太阳子午线主导 BIMF（S-BIMF）和非太阳子午线主导 BIMF（NS-BIMF）；最后，对

S-BIMF 的每个尺度 BIMF 采用基于主成分贡献率的 PCA 图像去噪方法进行去噪处理，同时去除 NS-BIMF。MS-PCA 偏振角图像去噪方法的完整参数设置见表 3.10，沙尘天气的原始偏振角图像去噪结果如图 3.10 所示。

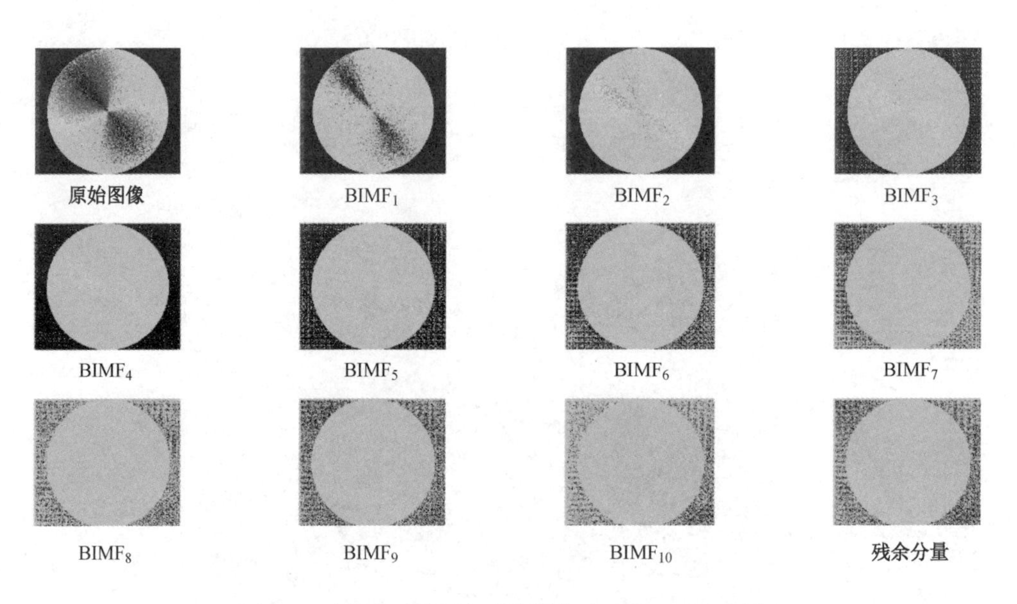

图 3.9　沙尘天气偏振角原始图像及 BEMD 分解图像

表 3.9　沙尘天气 BEMD 分解后的每个 BIMF 及残余分量一维图像熵值

	$BIMF_1$	$BIMF_2$	$BIMF_3$	$BIMF_4$	$BIMF_5$	$BIMF_6$	$BIMF_7$	$BIMF_8$	$BIMF_9$	$BIMF_{10}$
1D-IE	0.7270	1.3520	0.5997	0.9140	0.3964	0.5875	0.2753	0.3781	0.2291	0.2905

表 3.10　沙尘天气 MS-PCA 偏振角图像去噪方法参数设置

MS-PCA 参数	$BIMF_1$		$BIMF_2$		$BIMF_3$		$BIMF_4$		$BIMF_5$		$BIMF_6$	
	λ_1	R_{p1}	λ_2	R_{p2}	λ_3	R_{p3}	λ_4	R_{p4}	λ_5	R_{p5}	λ_6	R_{p6}
数值	0.1280	0.1364	0.1160	0.1236	0.1120	0.1194	0.0990	0.1055	0.0900	0.0959	0.0750	0.0799

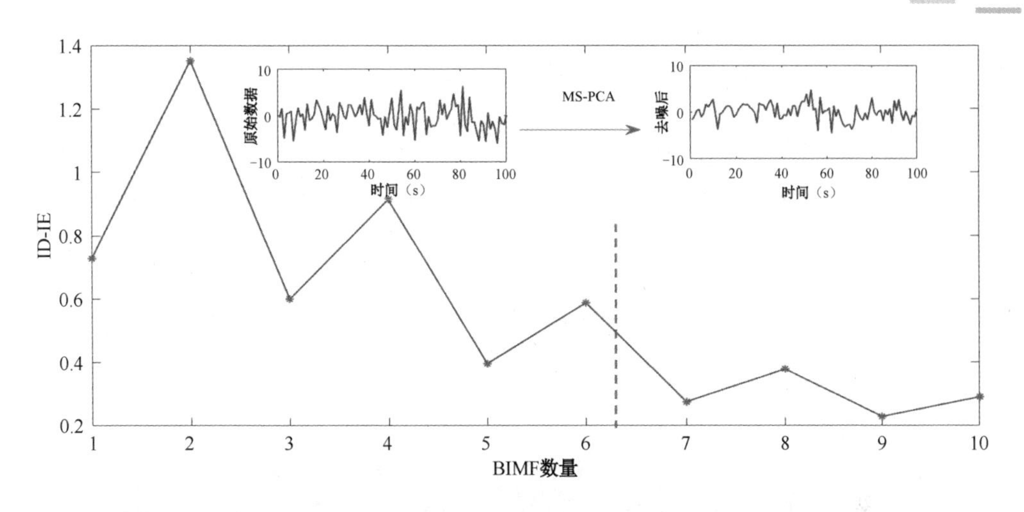

图 3.10 沙尘天气 BIMF 分类及太阳子午线主导的 BIMF 经 MS-PCA 去噪后结果

表 3.11 列出了 MS-PCA 偏振角图像去噪方法与现有图像去噪技术（如 BM3D、PDRDN 和 BM3D-KSVD）对在沙尘天气条件下采集的 0°、45°、90°、135° 四幅原始偏振角图像去噪后的 MG 和 SD，从表中可以看出，MS-PCA 偏振角图像去噪方法性能最佳。

表 3.11 沙尘天气不同偏振角图像去噪方法去噪后指标对比

原始图像	指标	原始数据	BM3D	PDRDN	BM3D-KSVD	MS-PCA
0°	SD	23.7467	20.6737	20.6408	20.5672	16.9320
	MG	0.3092	0.3982	1.0752	1.1839	1.8699
45°	SD	23.7466	20.6736	20.6406	20.5674	17.0024
	MG	0.3091	0.3974	1.0743	1.1828	1.8774
90°	SD	23.7469	20.6732	20.6402	20.5675	16.9720
	MG	0.3089	0.3990	1.0760	1.1841	1.9113
135°	SD	23.7463	20.6734	20.6404	20.5674	16.9109
	MG	0.3088	0.3980	1.0747	1.1833	1.8753

上述静态试验采集的沙尘天气偏振角图像，采用 MS-PCA 和其他图像去噪方法去除噪声后解算出的航向角误差如图 3.11 所示，从图中各条航向角误差曲线可知，MS-PCA 偏振角图像去噪方法可以有效减小沙尘天气带来的航向误差。

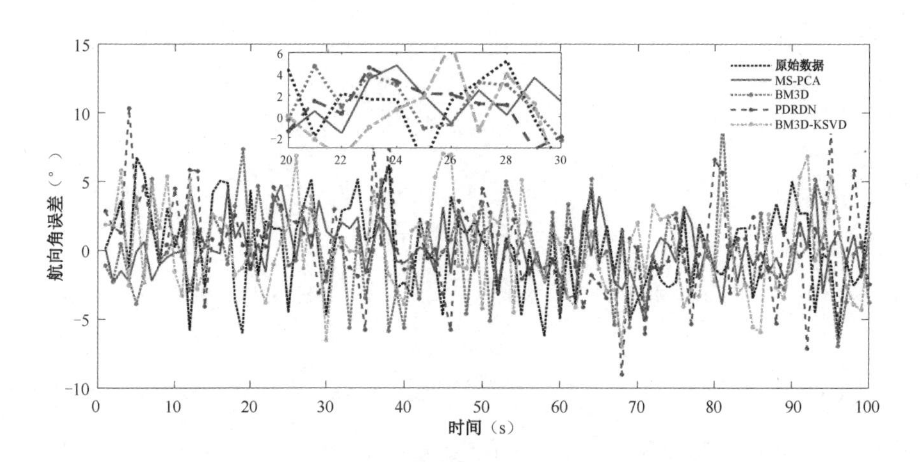

图 3.11　沙尘天气静态试验采用不同偏振角图像去噪方法去噪后解算出的航向角误差

表 3.12 列出了采用不同图像去噪方法去噪后得到的静态航向角数据的均值（Mean）、标准差（SD）和均方根误差（RMSE），从表中指标可以看出，与其他图像去噪方法相比，采用 MS-PCA 偏振角图像去噪方法去噪后解算出的航向角误差各项指标均为最低，证明 MS-PCA 偏振角图像方法可以在保留有用的太阳子午线信息的同时，有效降低偏振角图像噪声，最终为偏振光罗盘在沙尘等恶劣天气环境下的航向测量提供有效方法。

表 3.12　沙尘天气静态试验航向角误差指标对比

算法	Mean (°)	SD (°)	RMSE (°)	UA (°)
原始数据	0.1921	3.2577	3.2485	0.3290
BM3D	0.0965	3.2577	3.0460	0.3439

续表

算法	Mean (°)	SD (°)	RMSE (°)	UA (°)
PDRDN	0.0641	3.2266	2.8365	0.3050
BM3D-KSVD	0.0610	3.1218	2.7075	0.2058
MS-PCA	0.0104	3.0377	2.0407	0.3164

综上所述，本节提出的基于多尺度变换的MS-PCA偏振角图像去噪方法能够有效地去除偏振角图像噪声，可为后续航向角数据精度的提升起到支撑作用。

3.3 仿生偏振光罗盘数据去噪技术

由 3.1.2 节航向角数据噪声产生机理及特性分析可知，FPGA 电路产生的噪声会对航向角数据产生不可忽略的影响。为了进一步提高仿生偏振光罗盘的定向精度，本节提出一种基于多尺度变化（MST）的仿生偏振光罗盘数据去噪方法。该方法采用集合经验模态分解（Ensemble Empirical Mode Decomposition，EEMD）法将罗盘输出的原始航向角噪声数据分解为不同的本征模态函数（Intrinsic Mode Function，IMF），采用相应的峰值滤波（TFPF）技术自适应地去除原始航向角数据中的噪声。

3.3.1 基于多尺度变换的仿生偏振光罗盘数据去噪技术

基于多尺度变换（MST）的仿生偏振光罗盘数据去噪技术的核心思想如下：首先，采用集合经验模态分解（Ensemble Empirical Mode Decomposition，EEMD）法将正态分布的白噪声叠加至原始航向角数据中，从而自适应地分解为多个不同数据本征模态函数（Intrinsic Mode Function，IMF）；然后，取其平均值作为最终分解结果；最后，采用相应的数据去噪算法进行航向角数据去噪处理。

Wu 等针对经验模态（EMD）直接分解数据后出现的“模态混合”现象，于 2009 年提出了一种噪声辅助信号分析方法——集合经验模态分解（EEMD）[100]。该方法在每组原始数据中引入正态分布的白噪声，从而改变整个数据在不同时频空间上的数据序列均匀分布结果，然后采用 EEMD 法将此时的数据分解成多个 IMF，通过计算这一组 IMF 的平均值得到最终平均本征模态函数（$\overline{\mathrm{IMF}}$），同时利用正态分布白噪声零均值特征，使真实数据信号得到很好保留。EEMD 也是在 EMD 基础上根据给定输入信号本身驱动，将非线性、非平稳信号分解成多频率 IMF 和残差分量（Residual）的一种自适应信号多尺度分析方法。类似于 EMD 分解结果，EEMD 通过每组 IMF 平均后得到的不同 $\overline{\mathrm{IMF}}$ 分量同样代表数据信号在不同尺度上的具体细节信息，残余分量（Residual）代表信号整体趋势。低阶 $\overline{\mathrm{IMF}}$ 表示高频噪声模式，高阶 $\overline{\mathrm{IMF}}$ 表示低频信号模式，而且各分量 $\overline{\mathrm{IMF}}$ 之间局部正交，所以能够有效地反映原始信号的特征信息。目前，该算法已被广泛应用于气候、工程等领域。

将给定噪声数据信号 $S(t)$ 进行 EEMD 的步骤如下[101]。

Step1：将正态分布的高斯白噪声 $N_M(t)$ 添加到原始数据信号 $S(t)$ 得到新的数据信号 $S_M(t)$ 。

$$S_M(t) = S(t) + N_M(t) \tag{3.18}$$

Step2：将添加高斯白噪声的数据信号 $S_M(t)$ 作为一个整体，经过 EMD 处理后得到多个 IMF 分量，即 IMF_{11}、IMF_{12}、……、IMF_{1L}。

Step3：确定添加次数 M 。

$$M=\left(\frac{c_a}{d_s}\right)^2 \tag{3.19}$$

式中，c_a 是 $N_M(t)$ 的幅值系数；d_s 是原始数据信号与分解得到所有 IMF 之和的标准差。

Step4：重复 Step1 和 Step2。添加 M 次新的正态分布高斯白噪声后经过 EMD 分别得到 M 次的 IMF 分量，即：IMF_{21}、IMF_{22}、……、IMF_{2L}、IMF_{M1}、IMF_{M2}、……、IMF_{ML}。

Step5：将每次添加高斯白噪声后分解得到的 IMF 求平均值得到最终的 $\mathrm{I\bar{M}F}_L$，即

$$\mathrm{I\bar{M}F}_L=\frac{1}{M}\sum_{l=1}^{M}\mathrm{IMF}_{lL}=\frac{1}{M}(\mathrm{IMF}_{1L}+\mathrm{IMF}_{2L}+\cdots+\mathrm{IMF}_{ML}) \tag{3.20}$$

整个给定噪声数据信号 $S(t)$ 分解结果可表示为

$$S_M(t)=\sum_{l=1}^{L}\mathrm{I\bar{M}F}_l(t)+r_l(t) \tag{3.21}$$

式中，$\mathrm{I\bar{M}F}_l(t)$ 是经过 EEMD 获得的第 l 个 $\mathrm{I\bar{M}F}$ 分量；L 为 $\mathrm{I\bar{M}F}$ 分量的总数量；$r_l(t)$ 代表残余分量。

以本节研究的航向角数据为例，EEMD 过程如图 3.12 所示。图 3.12（a）为源数据信号，图 3.12（b）～（h）是从高频到低频的 $\mathrm{I\bar{M}F}$ 分量，图 3.12（i）是残余分量。

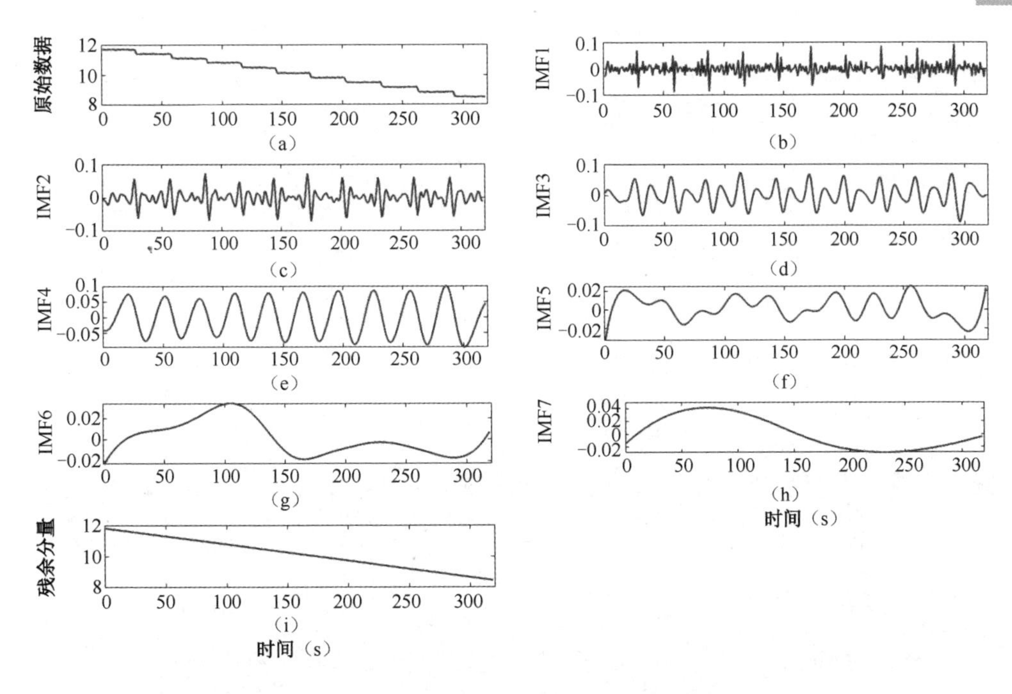

图 3.12　原始航向角数据 EEMD 过程

3.3.2　基于 EEMD 的 MS-TFPF 仿生偏振光罗盘数据去噪技术

由 3.3.1 节分析可知，基于多尺度变换（MST）的新型航向角数据去噪方法可将原始航向角数据添加正态分布的高斯白噪声，通过 EEMD 自适应地分解为多个频率从高到低分布的 IMF 后，求其平均值获得最终的本征模态函数均值 $\overline{\mathrm{IMF}}$ 和残余分量。本节针对原始含噪航向角数据提出一种基于 EEMD 的多尺度时频峰值滤波（MS-TFPF）仿生盘振光罗盘数据去噪方法。

时频峰值滤波（Time Frequency Peak Filtering，TFPF）技术是一种基于

Wigner-Ville 分布的瞬时频率估计方法，通过频率调制将原始含噪数据信号编码为解析信号的瞬时频率（IF），然后将解析信号 Wigner-Ville 分布的峰值进行瞬时频率（IF）估计所得值作为有效信号估计值[102]。选择不同窗长的 TFPF，去噪效果有所不同，经研究分析发现，长窗 TFPF 更适合高频信号，短窗 TFPF 更适合低频信号[103]。由于 TFPF 算法在数据去噪方面的性能优越，因此其被广泛应用于地震勘测、故障诊断、机动车加速度信号去噪等。一些基于 TFPF 的改进算法如 TFPF-EWT 算法[104]被提出，虽然改进的 TFPF 算法具有良好的去噪效果，但 TFPF 阈值参数即窗长的自适应确定方法仍有待研究。此外，TFPF 算法在仿生偏振光罗盘航向角数据去噪方面的应用还未见报道。因此，本节进一步研究了一种基于 EEMD 改进的 TFPF 航向角数据去噪方法。该方法的核心步骤包括 EEMD 处理、$\mathrm{I\bar{M}F}$ 分类、TFPF 数据去噪算法阈值选择，具体实现过程如下所述。

Step1：添加噪声。

在偏振光罗盘输出的原始航向角数据 $S(t)$ 中加入正态分布的高斯白噪声序列 $N_M(t)$，得到具有白噪声的航向角数据 $S_M(t)$，即

$$S_M(t) = S(t) + N_M(t) \tag{3.22}$$

Step2：采用 EEMD 法分解航向角数据 $S_M(t)$。

按照 3.3.1 节介绍的 EEMD 步骤，将 Step1 所得的带有正态分布高斯白噪声的航向角数据分解为多个频率不同的 IMF 和一个残余分量 $r_l(t)$，然后求其平均值，最终获得 L 个本征模态函数集成均值 $\mathrm{I\bar{M}F}$。重复 M 次 Step1 和 Step2，最终航向角数据表示为

$$S_M(t) = \sum_{l=1}^{L} \mathrm{I\bar{M}F}_l(t) + r_l(t) \tag{3.23}$$

Step3：对 EEMD 分解结果进行分类。

根据本研究内容需要，采用能够检测时间序列相似性和复杂性的样本熵（SE）作为分类准则，将 L 个 $\bar{\text{IMF}}$ 序列按照频率从高到低依次分为低频真实信号分量（LFT-C）、混合分量（H-C）和高频噪声分量（HFN-C）。

样本熵（SE）通过被检测信号中产生新模式的概率大小来衡量该时间序列的相似性和复杂性，且与被检测信号的数据长度无关[105]。SE 值越小，产生新模式的概率越小，说明该时间序列自身相似性越高；SE 值越大，产生新模式的概率越大，说明该时间序列自身相似性越低，样本序列越复杂。每个 $\bar{\text{IMF}}$ 的样本熵（SE）计算如下：

（1）将通过上述分解后平均得到的 L 个 $\bar{\text{IMF}}$ 组成一组 m 维的时间向量序列 $\bar{\text{IMF}}_{m1},\bar{\text{IMF}}_{m2},\cdots,\bar{\text{IMF}}_{mL}$，对于给定的 $\bar{\text{IMF}}_{mi}$（$1\leqslant i,j\leqslant L-m+1,i\neq j$），统计满足 $d\left[\bar{\text{IMF}}_{mi},\bar{\text{IMF}}_{mj}\right]\leqslant r$ 的 $\bar{\text{IMF}}_{mj}$ 向量个数 $\boldsymbol{B}_i^m(r)$，则有：

$$\boldsymbol{B}^m(r)=\frac{1}{L-m+1}\sum_{i=1}^{L-m+1}B_i^m(r) \tag{3.24}$$

式中，$d\left[\bar{\text{IMF}}_{mi},\bar{\text{IMF}}_{mj}\right]$表示 $\bar{\text{IMF}}_{mi}$ 与 $\bar{\text{IMF}}_{mj}$ 之间的距离；r 表示“相似度”度量值，即相似容限。

（2）将 m 维的时间向量序列增加至 $m+1$ 维，统计满足 $d\left[\bar{\text{IMF}}_{m+1,i},\bar{\text{IMF}}_{m+1,j}\right]\leqslant r$ 的 $\bar{\text{IMF}}_{mj}$ 向量个数 $\boldsymbol{A}_i^m(r)$，则有：

$$\boldsymbol{A}^m(r)=\frac{1}{L-m}\sum_{i=1}^{L-m}A_i^m(r) \tag{3.25}$$

（3）L 个 $\bar{\text{IMF}}$ 样本熵（SE）为

$$\text{SE}(m,r,L)=-\ln\left[\frac{\boldsymbol{A}^m(r)}{\boldsymbol{B}^m(r)}\right] \tag{3.26}$$

Step4：航向角数据去噪算法选择。

为了有效去除航向角数据噪声，针对低频真实信号分量（LFT-C）和混合分量（H-C）中每个$\overline{\mathrm{IMF}}$进行合适的时频尖峰滤波（TFPF）处理非常关键。若对所有 LFT-C 和 H-C 中的每个$\overline{\mathrm{IMF}}$进行 TFPF 处理，可有效降低噪声，但是这样会产生大量的计算负载；若在其中选定几个$\overline{\mathrm{IMF}}$进行 TFPF 处理，可减少计算负载，但去噪效果有限。为了最大程度地保留真实有用信号，同时有效降低噪声，本节提出了一种新的自适应 TFPF 阈值选择方法。该方法将参考阈值（T_R）作为判断准则，T_R 通过使用 TFPF 去除 LFT-C 噪声前后使用的阈值差获得。如果该阈值差值大于预先设定阈值θ，则调整 TFPF 去除 LFT-C 噪声的阈值，直到参考阈值（T_R）达到设定阈值θ。预先设定阈值θ定义[106]如下：

$$\theta=\frac{\mathrm{mean}\left\{\sum_{1}^{q}\left|\boldsymbol{u}(i)\right|\right\}}{q} \tag{3.27}$$

式中，$\boldsymbol{u}$ 表示 LFT-C 向量；q 表示 $\boldsymbol{u}$ 的长度。用于去除混合分量（H-C）中噪声的 TFPF 阈值（$T_{\text{H-C}}$）由 LFT-C 和 H-C 各自的样本熵（SE）均值与参考阈值（T_R）比值确定，即：

$$T_{\text{H-C}}=T_R\frac{\mathrm{mean}(\mathrm{SE}_{\text{H-C}})}{\mathrm{mean}(\mathrm{SE}_{\text{LTF-C}})} \tag{3.28}$$

Step5：航向角数据去噪。

根据 Step4 中计算的阈值参数，充分利用 TFPF 的柔性特征，即尽可能在保持有效数据的同时采用短窗 TFPF 去除低频真实信号分量（LFT-C）中的噪声，采用长窗 TFPF 尽可能去除混合分量（H-C）中的噪声，最后直接舍弃高频噪声分量（HFN-C）。

Step6：重建去噪后航向角数据。

对去噪后的 LFT-C 和 H-C 进行重构，得到去噪后的航向角数据。

MS-TFPF 算法流程如表 3.13 和图 3.13 所示。MS-TFPF 自适应阈值选择方法流程图如图 3.14 所示。

表 3.13 MS-TFPF 算法流程

算法：MS-TFPF
要求：在输出的原始航向角数据 $S(t)$ 上添加 M 次正态分布的高斯白噪声序列 $N_M(t)$ 得到新的航向角数据 $S_M(t)$ 分解 1：采用 EEMD 将 $S_M(t)$ 分解为多个频率不同的 IMF 和一个残余分量 $r_l(t)$，然后求其平均值，最终获得 L 个本征模态函数均值 $\mathrm{I\bar{M}F}$ 2：for i = 1 to M do
3：通过式（3.26）计算 L 个 $\mathrm{I\bar{M}F}$ 的样本熵 $\mathrm{SE}(m,r,L)$
4：对比 L 个 $\mathrm{I\bar{M}F}$ 的样本熵 $\mathrm{SE}(m,r,L)$，并将其分为三类：LFT-C、H-C 和 HFN-C
5：end for 6：根据 θ 计算 T_R 和 H-C 的 $T_{\text{H-C}}$ 去噪 $T_{\text{H-C}}$
7：采用短窗 TFPF 去除 LFT-C 噪声，采用长窗 TFPF 去除 H-C 噪声
8：直接舍弃 HFN-C **重建**
9：重建去噪后的 LFT-C 和 H-C

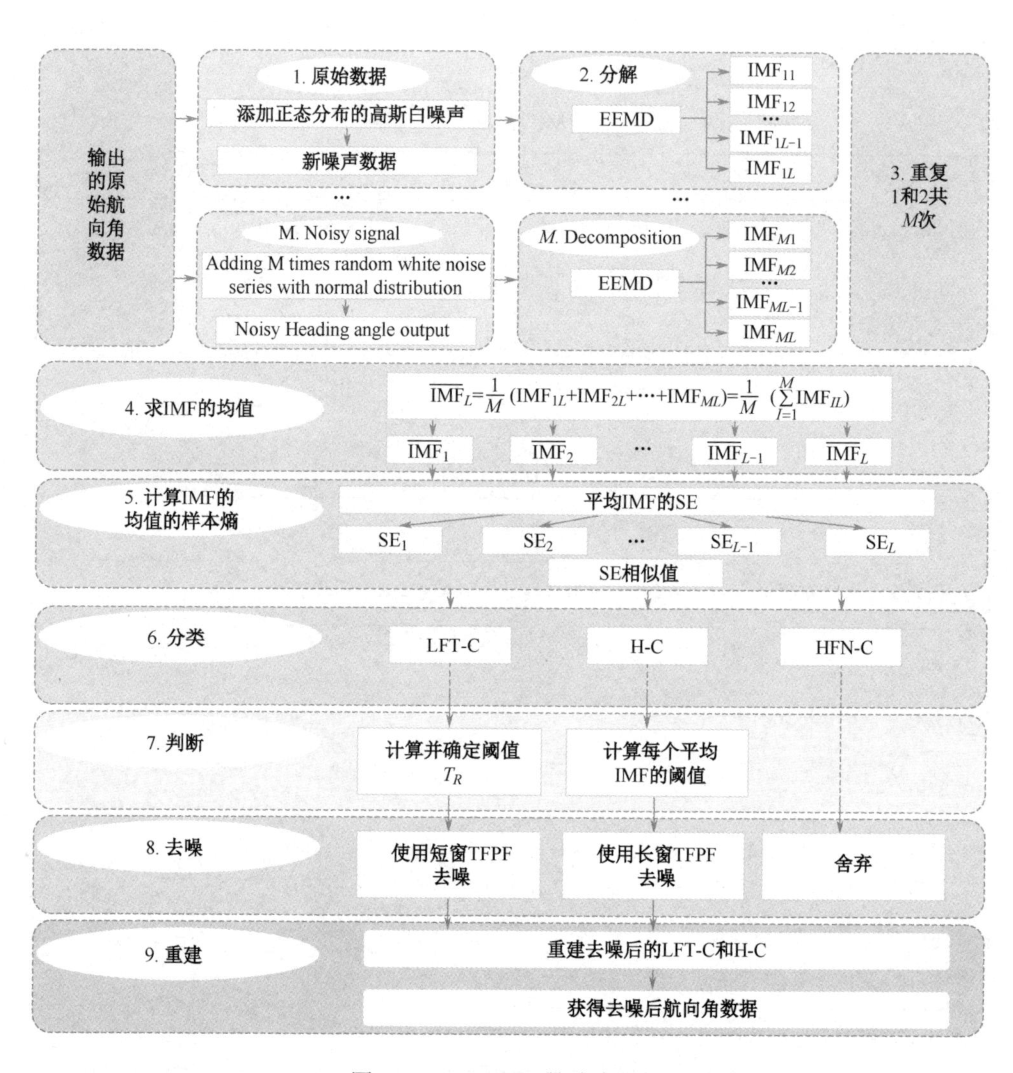

图 3.13　MS-TFPF 算法流程图

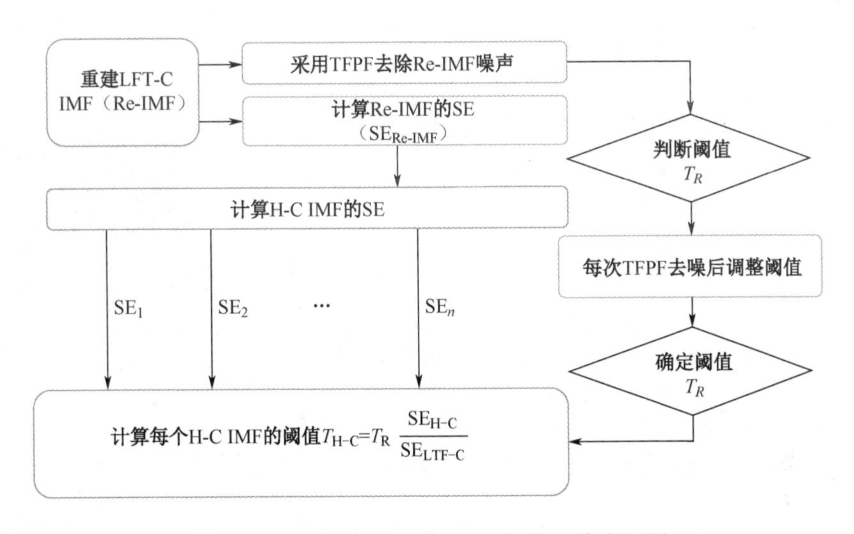

图 3.14　MS-TFPF 自适应阈值选择方法流程图

3.4 基于多尺度变换的仿生偏振光罗盘数据去噪测试

为了验证本节提出的基于多尺度变换的仿生偏振光罗盘数据去噪技术的有效性和实用性，分别进行转台试验、静态试验和无人机机载试验。

（1）转台试验。

转台试验系统与 3.2.2 节的试验系统相同，2021 年 5 月 7 日（15:30—17:00）在中北大学校园进行了室外转台试验，试验结果如图 3.15 所示。从图中可以发现，真实航向角信号完全淹没在 3.1.2 节分析的偏振光罗盘噪声中。

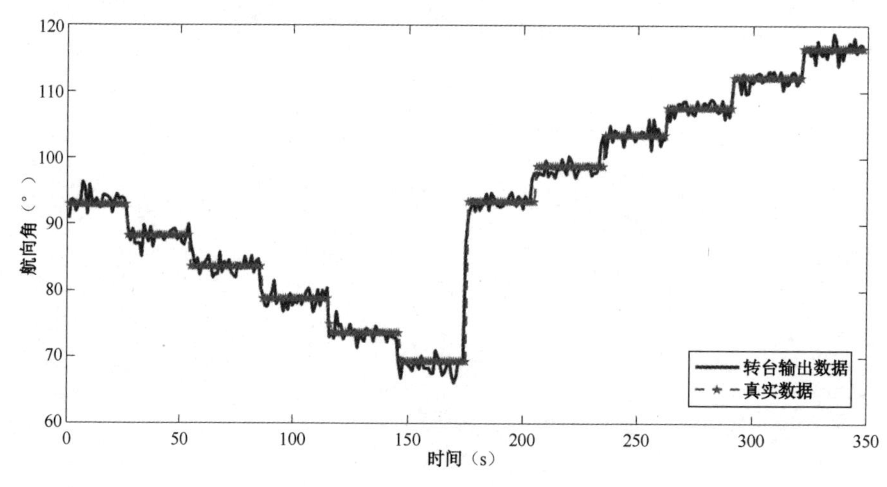

图 3.15　仿生偏振光罗盘转台试验结果

利用 EEMD 将添加了 300 次正态分布高斯白噪声（均方误差为 0.3）的航向角数据分解后得到 7 个 IM̄F 和 1 个残余分量，结果如图 3.16 所示。

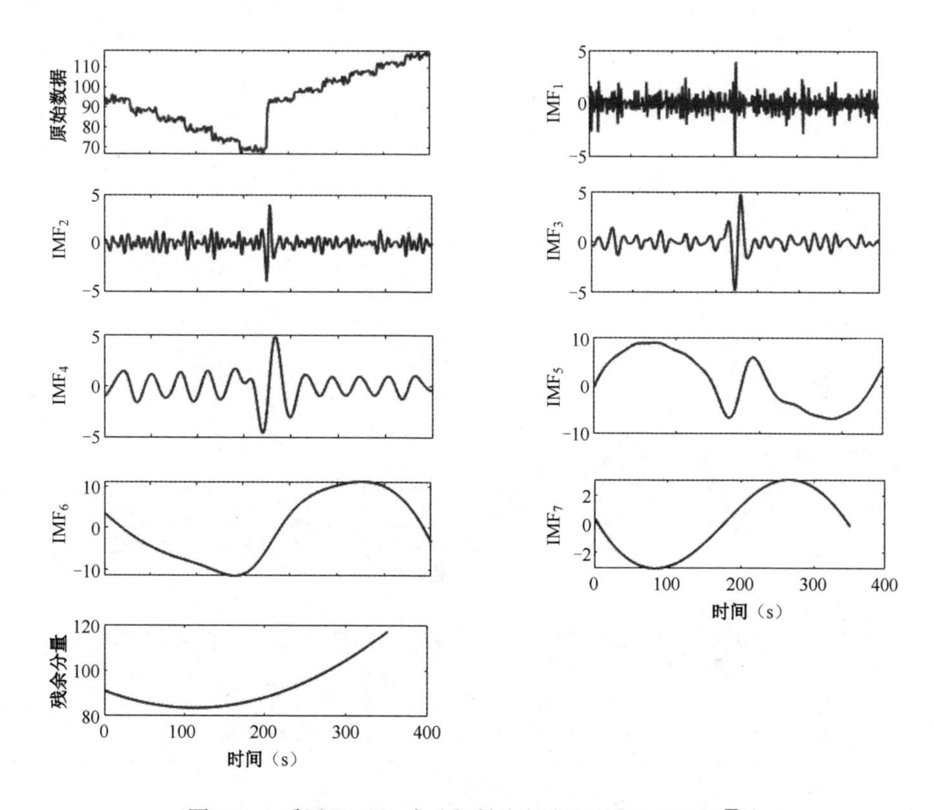

图 3.16　采用 EEMD 来分解转台航向角数据后获得 IM̄F

表 3.14 所示的是由式（3.26）计算每个 IM̄F 的样本熵（SE），以 SE 相似值为分类原则，将 IM̄F 分为 LFT-C、H-C 和 HFN-C，根据上述内容确定的 MS-TFPF 航向角数据去噪算法参数见表 3.15。

表 3.14　EEMD 分解后计算的每个 IM̄F 的样本熵（SE）

	IM̄F$_1$	IM̄F$_2$	IM̄F$_3$	IM̄F$_4$	IM̄F$_5$	IM̄F$_6$	IM̄F$_7$
SE	1.5770	0.9393	0.5748	0.4240	0.1075	0.0529	0.0407

采用长窗 TFPF 对 H-C 进行去噪，采用短窗 TFPF 对 LFT-C 去噪并保留有效信号，直接消除 HFN-C。最后，重构去噪后的 H-C 和 LFT-C 得到最终去噪的航向角数据信号，结果如图 3.17 所示。

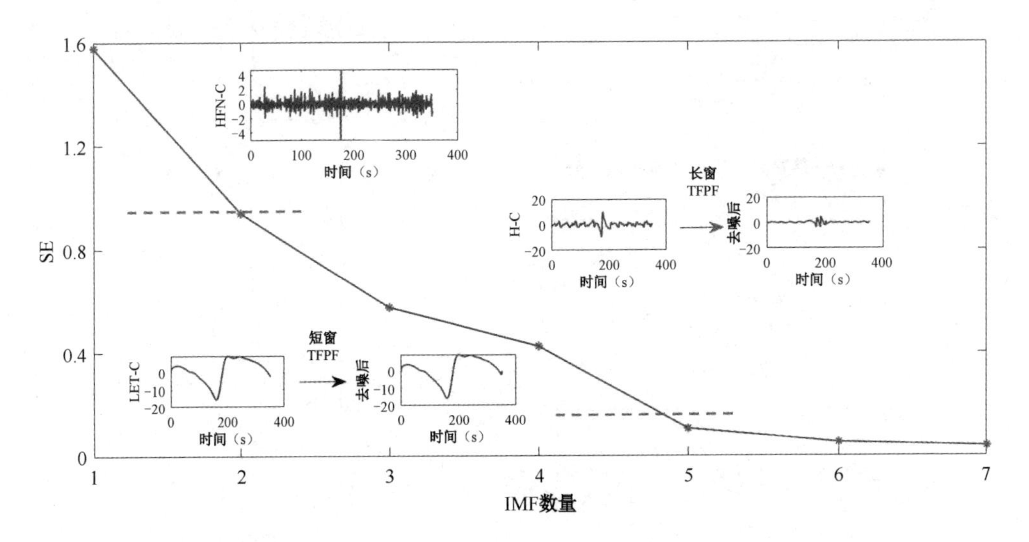

图 3.17 IMF 分类及转台试验所采集航向角数据经 MS-TFPF 去噪后结果

表 3.15 MS-TFPF 航向角数据去噪算法参数设置

	LFT-C IMF				H-C IMF	
MS-TFPF 参数	q	θ	R_T	$SE_{\text{LFT-C}}$	$T_{\text{H-C}}$	$SE_{\text{H-C}}$
参数值	6000	2.3e−5	3.1	0.5520	12.2	2.1740

图 3.18（a）和图 3.18（b）是利用转台试验验证本节提出的 MS-TFPF 数据去噪方法和其他经典数据去噪方法（例如 TFPF、RLowess 和 TFPF-EWT）获得航向角和航向角误差对比结果。由于转台在旋转过程中不可避免会出现航向角的尖峰噪声数据，通过 MS-TFPF 算法中 EEMD 处理之后采用自适应 TFPF 算法进行去噪，尖峰噪声数据能得到有效抑制，最终使得航向误差显著减小。

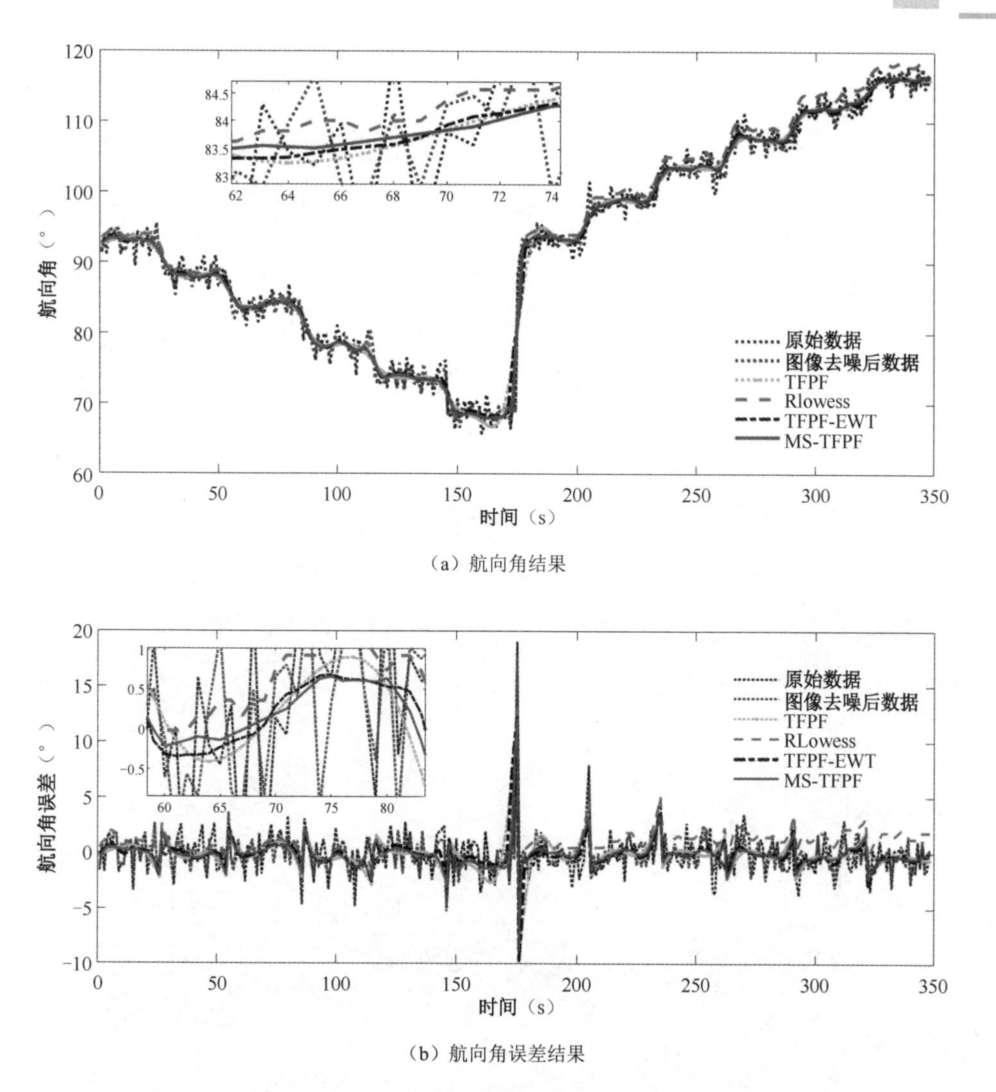

（a）航向角结果

（b）航向角误差结果

图 3.18　转台试验各种数据去噪算法获得航向角和航向角误差结果

表 3.16 列出了利用 3.2 节图像去噪算法去噪后的偏振角图像解算的各种航向角数据的 Mean、SD 和 RMSE。从表中可以看出，MS-TFPF 算法的 Mean、SD 和 RMSE 最小，分别为 0.0900°、1.2383° 和 1.2365°，说明该算法在提高航向精度方面优于其他经典数据去噪算法。

表 3.16　转台试验各种去噪算法获得航向角误差指标对比

算法	Mean（°）	SD（°）	RMSE（°）	UA（°）
原始数据	0.1244	1.9164	1.9136	0.0665
图像去噪后数据	0.1212	1.5315	1.5293	0.0743
TFPF	0.1106	1.5082	1.5060	0.0744
Rlowess	0.7853	1.3866	1.3846	0.0822
TFPF-EWT	0.0905	1.3856	1.3836	0.0809
MS-TFPF	0.0900	1.2383	1.2365	0.1029

（2）静态试验。

在静态试验过程中，将偏振光罗盘设备安装在三轴转台上保持静止，以保证偏振光罗盘输出信号不受任何运动影响。本节提出的 MS-TFPF 航向角数据去噪方法与其他经典数据去噪方法所得航向角及航向角误差如图 3.19（a）和（b）所示。

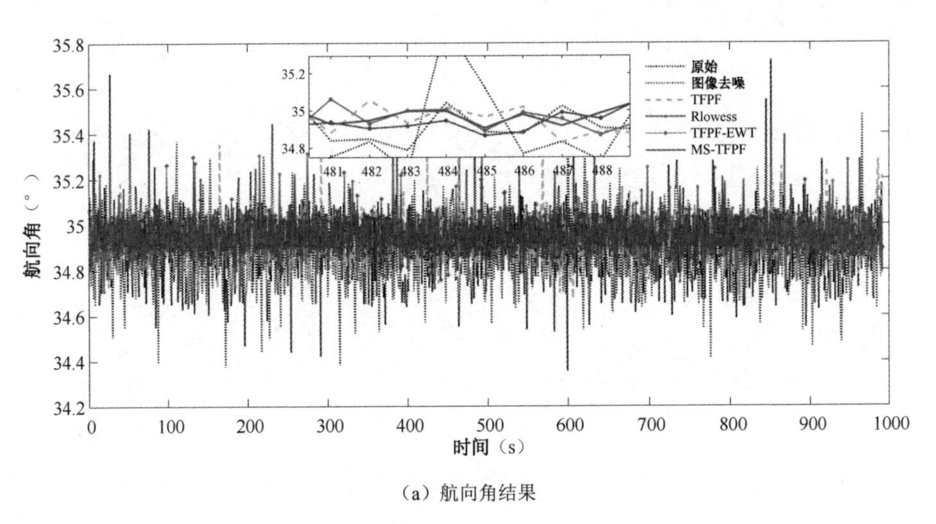

（a）航向角结果

图 3.19　静态试验各种数据去噪算法获得航向角及航向角误差

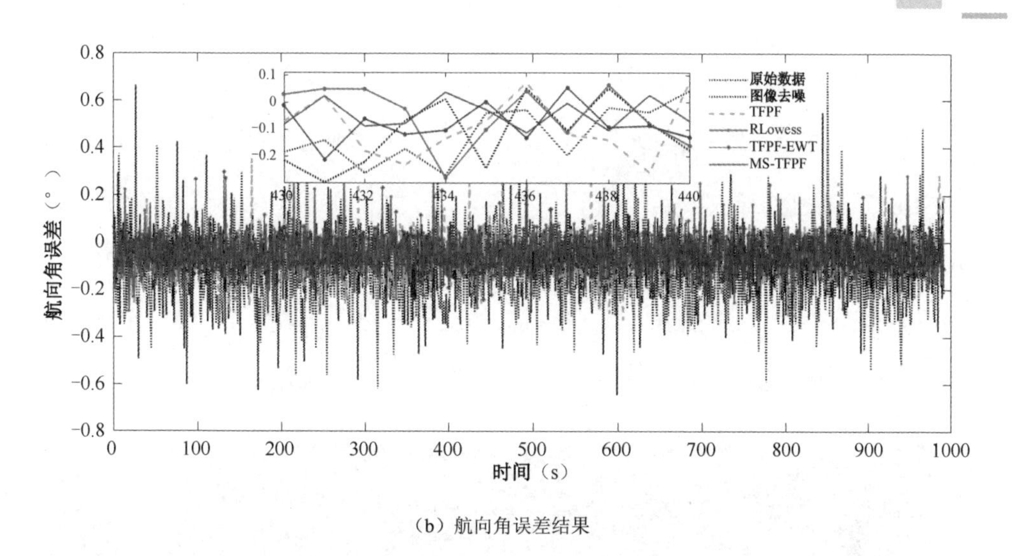

（b）航向角误差结果

图 3.19 静态试验各种数据去噪算法获得航向角及航向角误差（续）

采用与转台试验同样的去噪过程，结果表明采用 MS-TFPF 数据去噪方法处理后，航向测量误差有明显的减小趋势。

此外，表 3.17 列出了 TFPF、Rlowess、TFPF-EWT 和 MS-TFPF 数据去噪算法所得的静态航向角数据信号的 Mean、SD 和 RMSE。从表中可以看出，本节提出的 MS-TFPF 数据去噪算法的 SD 和 RMSE 均最小，进一步说明 MS-TFPF 数据去噪算法在减小航向角误差方面效果最佳。

表 3.17 静态试验各种去噪算法获得航向角误差指标对比

算法	Mean(°)	SD(°)	RMSE(°)	UA(°)
原始数据	0.1272	0.1837	0.2193	0.0019
图像去噪后数据	0.0730	0.1060	0.1287	0.0023
TFPF	0.0636	0.0923	0.1121	0.0026
Rlowess	0.0563	0.0817	0.0992	0.0029
TFPF-EWT	0.0490	0.0711	0.0863	0.0034
MS-TFPF	0.0417	0.0605	0.0735	0.0058

（3）无人机机载试验。

无人机机载试验是在校园工程训练中心大楼周围进行的。试验系统由国产SLM-6S无人机（最大载重15kg，飞行续航时间20分钟），以及同转台试验设备相同的自制仿生偏振光罗盘、FOG-INS/GNSS测量基准系统组成，如图3.20所示。利用偏振光罗盘内的偏振成像系统直接采集真实偏振角图像，经3.2节介绍的图像去噪算法去噪后解算得到的航向角数据通过偏振光罗盘直接输出。

图3.20　无人机机载试验

在整个试验过程中，航向角数据通过无人机上配备的偏振光罗盘输出，无人机对地飞行高度为300m，飞行距离为500m，飞行轨迹如图3.21所示。

无人机机载试验获取的航向角数据，以及经MS-TFPF与其他经典数据去噪方法处理后航向角数据、航向角误差如图3.22（a）、（b）所示。从图3.22中

图 3.21 无人机机载试验飞行轨迹

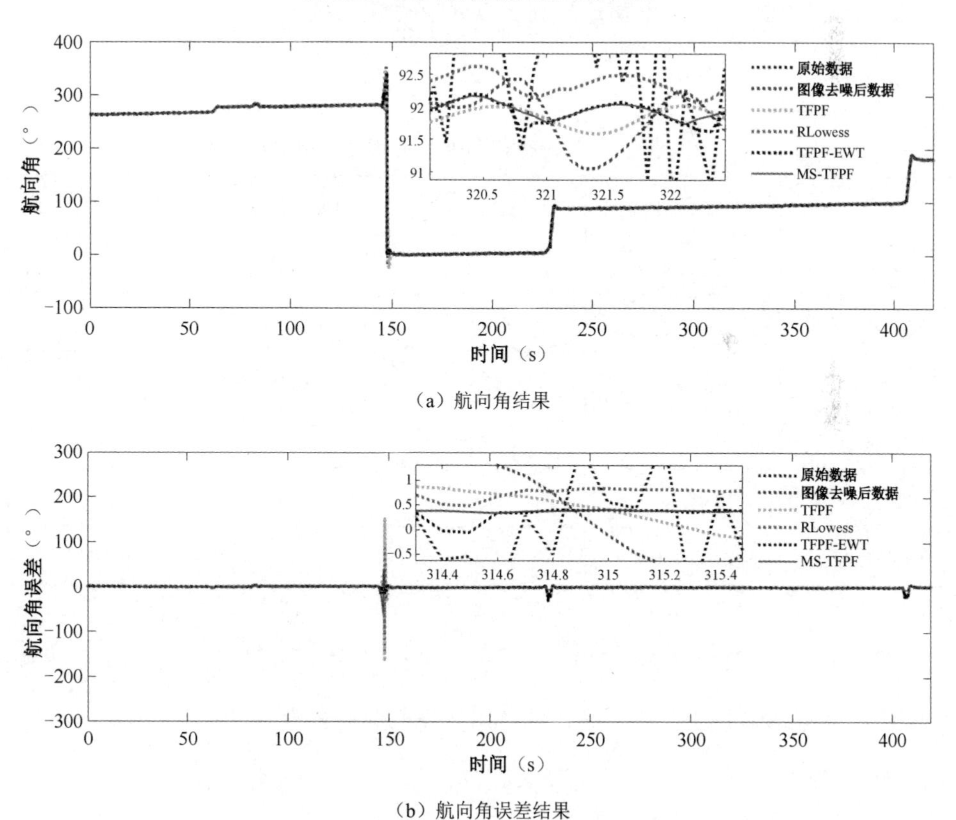

（a）航向角结果

（b）航向角误差结果

图 3.22 无人机机械试验各种数据去噪方法获得的航向角、航向角误差结果

可以看出有尖峰数据出现，这是无人机在飞行过程中转弯和晃动引起的，但经过 MS-TFPF 数据去噪方法处理后，尖峰噪声可以得到有效抑制，同时整个航向误差显著减小，这表明该算法在提高无人机定向精度方面确实具有良好的性能。

表 3.18 列出了无人机机载试验中 TFPF、Rlowess、TFPF-EWT、MS-TFPF 数据去噪算法的 Mean、SD 和 RMSE。从表 3.18 可以看出，本节提出的 MS-TFPF 数据去噪算法的 SD 和 RMSE 均最小（分别为 0.3118° 和 0.3116°），证明 MS-TFPF 数据去噪算法在降低航向误差，提高偏振光罗盘定向精度方面优于其他经典数据去噪方法。

表 3.18　无人机机载试验各种去噪算法获得航向角误差指标对比

算法	Mean (°)	SD (°)	RMSE (°)	UA (°)
原始数据	0.894	1.0905	1.0900	0.1299
图像去噪后数据	0.5154	0.7634	0.7631	0.1013
TFPF	0.3369	0.6386	0.6383	0.1133
Rlowess	0.1451	0.3369	0.3367	0.1230
TFPF-EWT	0.1458	0.3237	0.3235	0.1130
MS-TFPF	0.0944	0.3118	0.3116	0.1022

类似于 3.2.2 节，MS-TFPF 数据去噪方法的时间复杂度和空间复杂度见表 3.19，分析结果表明，本节提出的 MS-TFPF 数据去噪算法也是一种有效的多项式时间可解算法。

表 3.19　MS-TFPF 航向角数据去噪方法的时间复杂度和空间复杂度

函数	时间	空间
初始值	2DEF·S	[2+3S] float
添加噪声	(3ADD+4DEF+1DIV+1SUB) ·S·K	[4+5S] float
计算 $\bar{\text{IMF}}$s	O(N^2)	[6K·N·S+8S] float
迭代训练	4DEF+(3CMP+2ADD+1SUB) ·N ·K ·S	[4] float
加权平均	(6SUB+22DEF) ·N ·K ·S	[28] float
复杂度	O(N^2)	O(N)

从上述试验结果可以看出，采用 MS-TFPF 数据去噪方法处理后得到的航向角误差指标值 Mean、SD 和 RMSE 均最小，特别是无人机在转弯时出现的尖峰噪声也能得到有效抑制。因此，本节提出的基于多尺度变换的 MS-TFPF 航向角数据去噪方法能够有效地提高偏振光罗盘定向精度，具有良好的有效性和实用性。

3.5 本章小结

本章重点对仿生偏振光罗盘噪声产生机理及特性进行综合分析，有针对性地开展了基于多尺度变换的偏振角图像去噪方法和航向角数据去噪方法研究，最终有效提高了仿生偏振光罗盘定向精度。

首先，根据偏振光罗盘偏振成像原理及航向角数据来源，对偏振角图像噪声和航向角数据噪声产生机理和特性进行了综合分析，发现仿生偏振光罗盘内的偏振成像系统和输出数据噪声主要由罗盘的光子波动、像素电路中电荷与电压转换、电信号放大过程中电子波动、模拟信号与数字信号之间转换产生。

其次，针对偏振角图像噪声，结合二维经验模态分解（BEMD）法及本研究对象所需特征信息，提出了一种基于多尺度变换的主成分分析（MS-PCA）偏振角图像去噪方法。该方法的关键步骤包括采用 BEMD 法进行分解、BIMF 分类、PCA 图像去噪算法阈值选择。从晴朗天气和沙尘天气进行的室外静态试验的结果来看，本章提出的 MS-PCA 偏振角图像去噪方法在抑制偏振角图像噪声方面非常有效和实用，为后续航向角的计算提供了有力帮助。

最后，针对去噪偏振角图像解算的航向角数据经罗盘输出产生的数据噪声，结合集合经验模态分解（EEMD）法提出一种基于多尺度变换的时频峰值滤波

(MS-TFPF)数据去噪方法。该方法的核心步骤包括:采用EEMD法进行分解、IMF分类、TFPF数据去噪算法阈值选择。从室外静态试验、转台试验和无人机机载试验的结果来看,本章提出的MS-TFPF数据去噪算法在进一步提高偏振光罗盘定向精度方面具有良好的效果。

各种试验结果表明，与现有经典图像和数据去噪方法相比，本章提出的基于多尺度变换的去噪方法通过抑制偏振光罗盘图像和数据噪声，能够有效提高偏振光罗盘的定向精度。随着未来硬件技术的发展，本章提出的基于多尺度变换的去噪方法可以移植到偏振光罗盘，并得到实际应用。

第4章

仿生偏振光罗盘定向误差建模与补偿技术

在实际运动过程中固连在载体上（如无人机）的仿生偏振光罗盘，会随着载体的运动不可避免地产生俯仰和滚转等倾斜，这种倾斜变化会引起偏振成像系统采集的偏振角图像中的天顶点位置发生变化，使得拟合太阳子午线出现误差，从而引起偏振角计算的误差，最终导致仿生偏振光罗盘定向精度下降。此外，我们在大量动态试验中发现，太阳子午线与载体体轴夹角（A-SMBA）与倾角之间的耦合也会产生非常显著的定向误差。因此，本章首先针对变化的偏振光罗盘姿态角（包括 A-SMBA、俯仰角和滚转角）针对航向误差的影响进行综合分析，然后利用改进的深度学习神经网络——门控循环单元（GRU）神经网络，建立由偏振光罗盘姿态角变化引起的定向误差模型并进行补偿，以提高仿生偏振光罗盘在实际运动过程中的定向精度。

4.1 偏振光定向误差分析与模型介绍

4.1.1 偏振光定向误差分析

仿生偏振光罗盘在实际应用时若采用简化的航向角解算方法会导致罗盘定向精度显著降低。因此，在解算航向角时必须考虑固连在运动载体上的罗盘倾斜（即俯仰和滚转）情况，实际解算航向角公式如下[107]：

$$\varphi=\arcsin\left[\frac{-(\cot\phi\sin\delta+\sin\theta\cos\delta)\tan h_s}{\sqrt{(\cot\phi\cos\delta-\sin\theta\sin\delta)^2+\cos^2\theta}}-\arctan\frac{\cot\phi\cos\delta-\sin\theta\sin\delta}{\cos\theta}-\alpha_s\right] \tag{4.1}$$

$$\varphi=\pi-\arcsin\left[\frac{-(\cot\phi\sin\delta+\sin\theta\cos\delta)\tan h_s}{\sqrt{(\cot\phi\cos\delta-\sin\theta\sin\delta)^2+\cos^2\theta}}-\arctan\frac{\cot\phi\cos\delta-\sin\theta\sin\delta}{\cos\theta}-\alpha_s\right] \tag{4.2}$$

其中，φ表示航向角，θ表示俯仰角，δ表示滚转角，ϕ表示偏振角；α_s和h_s分别表示太阳方位角和太阳高度角，二者可通过天文星历的特定时间和当地位置信息获得。

式（4.1）和式（4.2）表明仿生偏振光罗盘定向误差与太阳位置（即太阳方位角α_s和太阳高度角h_s）、罗盘偏振成像系统采集的偏振角ϕ、罗盘俯仰角θ和滚转角δ密切相关。其中，由太阳位置（α_s和h_s）等自然因素引起的罗盘定向误差不受人为因素控制；罗盘偏振成像系统采集的偏振角ϕ定向误差是由器件因素引起的，可以通过对器件设备进行校正和标定、对采集的图像和数据去噪等进行解决；载体俯仰和滚转引起偏振成像系统采集的偏振角图像中的天顶点位置发生变化，使得拟合太阳子午线出现误差，从而引起偏振角计算的误差，最终导致仿生偏振光罗盘定向误差，这种误差可通过本书提出的建模与补偿的方式进行处理。图 4.1（a）所示的是当仿生偏振光罗盘俯仰角θ固定时，定向误差随滚转角δ变化示意图；图 4.1（b）所示的是当仿生偏振光罗盘滚转角δ固定时，定向误差随俯仰角θ变化示意图。由此可以看出，载体俯仰和滚转变化与仿生偏振光罗盘定向误差之间具有高度复杂的非线性关系。

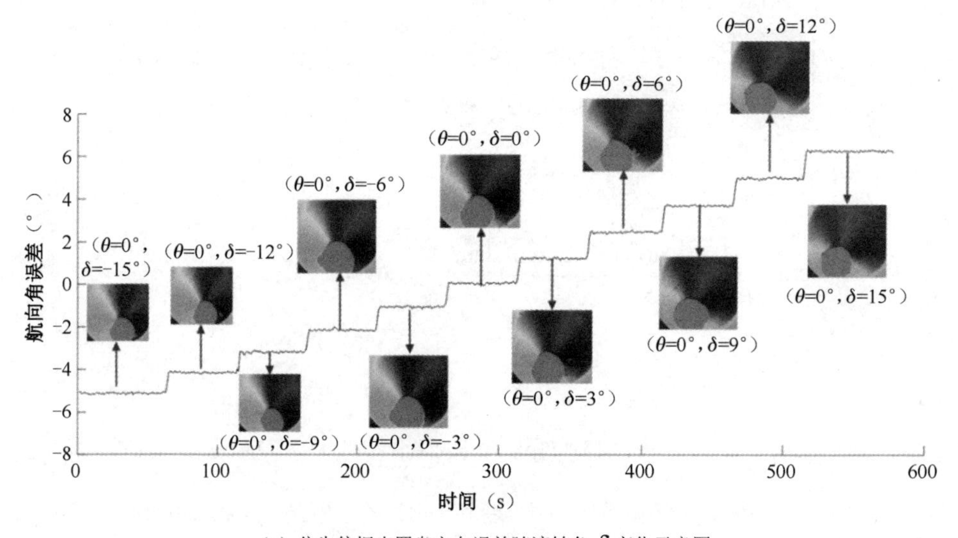

（a）仿生偏振光罗盘定向误差随滚转角δ变化示意图

图 4.1　仿生偏振光罗盘定向误差随滚转角δ和俯抑角θ变化示意图

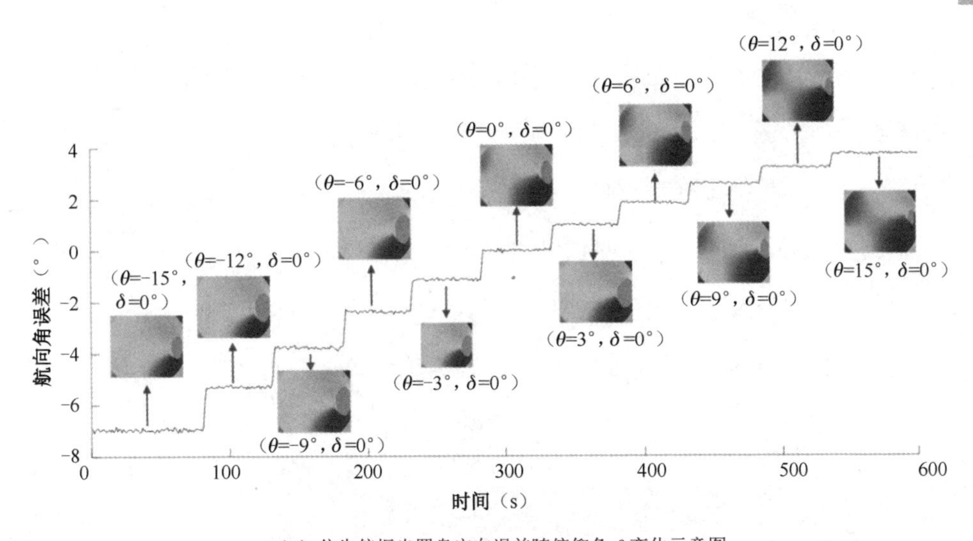

（b）仿生偏振光罗盘定向误差随俯仰角 θ 变化示意图

图 4.1　仿生偏振光罗盘定向误差随滚转角 δ 和俯抑角 θ 变化示意图（续）

此外，大量动态试验发现太阳子午线和载体体轴夹角（A-SMBA）和仿生偏振光罗盘倾角（即俯仰角θ和滚转角δ）之间的耦合会产生更加显著的定向误差，即偏振光罗盘定向误差不仅与其倾角有关，还与倾角和 A-SMBA 的耦合密切相关。为了研究该耦合效应对仿生偏振光罗盘定向误差的影响，如图 4.2（a）所示，首先将转台滚转角δ固定为 0°，俯仰角θ从 6° 变至−6°，图中每条曲线表示偏振光罗盘航向误差随 A-SMBA 从 0° 至 360° 的变化趋势；图 4.2（b）所示为试验条件与图 4.2（a）相同，但转台滚转角δ固定为 3° 的试验结果。图 4.2（c）所示的是转台俯仰角θ固定为 0°，滚转角δ从 6 变至−6°，图中每条曲线表示偏振光罗盘航向误差随 A-SMBA 从 0° 至 360° 的变化趋势；图 4.2（d）所示为试验条件与图 4.2（c）相同，但转台俯仰角θ固定为 3° 的试验结果。从上述四幅图中可以清楚地看出：（1）A-SMBA、俯仰角θ和滚转角δ之间的耦合效应对偏振光罗盘定向误差影响显著；（2）不仅仿生偏振光罗盘倾角对定向误差会产生有规律的影响，随着罗盘与太阳之间相对位置发生变化，A-SMBA 对罗盘定向精度也会产生有规律的影响；（3）图 4.2 中的每幅图定向误差曲线都有交叉点且相邻两个交叉点间隔 180°，而且在每个交叉点处，无论倾角如何变化，定向误差都不变。其中，图 4.2（a）和图 4.2（b）中交叉点发生在 A-SMBA 为 0°、180°、360° 时，即载体体轴与地理坐标系上太阳子午线投影平行；类似地，图 4.2（c）和图 4.2（d）中交叉点发生在 A-SMBA 为 90° 和 270° 时，即载体体轴与地理坐标系上太阳子午线投影垂直。

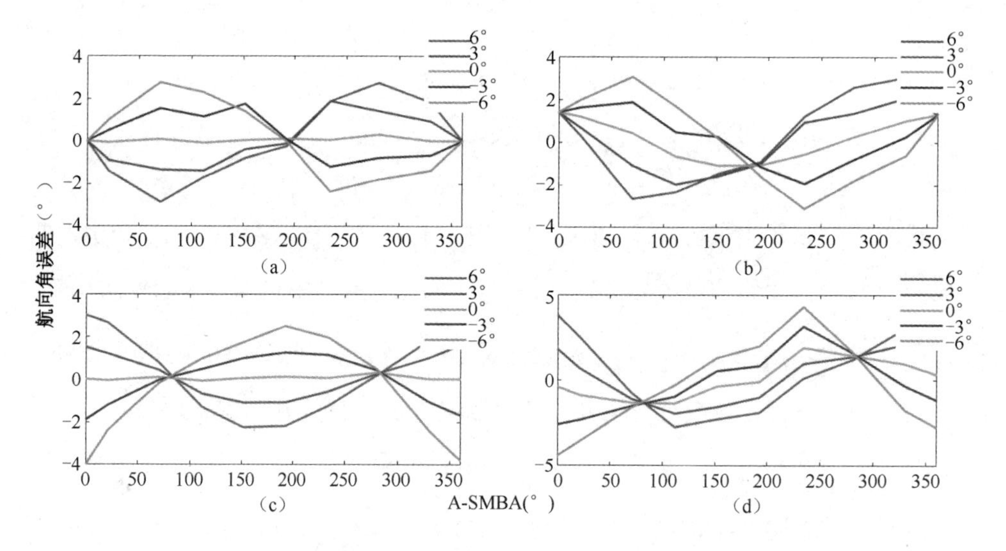

图 4.2　仿生偏振光罗盘定向误差随罗盘姿态角变化 2D 示意图

综上所述，尽管瑞利散射模式很好地解释了理想天气条件下大气偏振模式的分布并且和大气偏振模式理论非常吻合，但从上述实际应用中可以看出，航向角解算不仅与大气偏振模式的偏振角、太阳的方位角和高度角有关，还极易受偏振光罗盘随载体运动过程中的俯仰和滚转变化影响，即仿生偏振光罗盘定向误差由上述因素耦合产生，并且上述映射关系具有高度非线性、不确定性和长序列时间依赖性，而多项式回归等简单模型很难准确描述此关系。为了有效提高仿生偏振光罗盘定向精度，需要对仿生偏振光罗盘姿态角变化引起的定向误差采用深度学习神经网络进行有效建模与补偿。

4.1.2 偏振光定向误差模型构建

上一节分析表明仿生偏振光罗盘定向误差与罗盘姿态角变化密切相关。为了减少偏振光罗盘姿态角变化及它们之间耦合对定向精度的影响，本书提出一种基于深度学习神经网络的仿生偏振光罗盘姿态角变化引起定向误差建模与补偿方法。通过训练神经网络建立罗盘俯仰角θ、滚转角δ、A-SMBA 三者与航向误差之间的复杂非线性关系，通过补偿航向误差最终提高罗盘定向精度。

机器学习神经网络模型是一种通用、灵活的函数逼近方法，被广泛应用于非线性数据和系统的建模。例如，BP（Back Propagation）、Elman、径向基函数（Radial Basis Functions，RBF）和随机森林（RF）等神经网络都可以用于非线性数据建模，而且它们在非线性系统中建模的有效性已得到证明。然而，在没有任何先验知识的情况下，使用机器学习模型很难确定与长序列数据相关模型的最佳时间步长，因此很难获得最佳预测精度。

深度学习神经网络为处理长序列数据提供了解决办法，如目前非常热门的循环神经网络（Recurrent Neural Network，RNN），由于其具有长序列数据处理能力，因此在计算机视觉和自然语言处理等许多领域应用中取得巨大成功[108]。虽然RNN 已被证明是处理时序预测数据的有效工具，但是传统的 RNN 存在梯度消失和梯度爆炸等问题。改进的 RNN，如长-短期记忆（Long Short Term Memory，LSTM）神经网络通过引入额外的单元状态，能够很好地解决这一问题[109]。此外，与 LSTM 相比，另一个简化模型——门控循环单元（Gated Recurrent Unit，GRU）

神经网络在处理许多时序数据方面具有与LSTM相当的性能，而且其结构更简单，运算速度更快[110]。虽然GRU神经网络在很多领域都取得了成功，但是在仿生偏振光定向误差建模与补偿方面还没有得到应用。本书提出一种采用GRU深度学习神经网络建模与补偿由固连在载体上的偏振光罗盘姿态角变化，引起偏振成像系统采集的偏振角图像中的天顶点位置发生变化，使得拟合太阳子午线出现误差，从而引起偏振角计算的误差，最终导致仿生偏振光罗盘定向误差模型。

在利用GRU深度学习神经网络建立由仿生偏振光罗盘姿态角变化引起的定向误差模型过程中，由于没有经过航向误差补偿，无法获得准确的当前时刻的A-SMBA，因此不能使用当前时刻的A-SMBA作为网络模型的输入。考虑到实际定向过程中罗盘采样频率较高（30Hz），前一时刻与当前时刻的A-SMBA变化较小，因此，本书采用前一时刻的A-SMBA（即PA-SMBA）代替当前时刻的A-SMBA作为模型输入向量之一，即PA-SMBAα、俯仰角θ和滚转角δ作为模型输入向量，定向误差作为模型输出向量，其结构如图4.3所示。

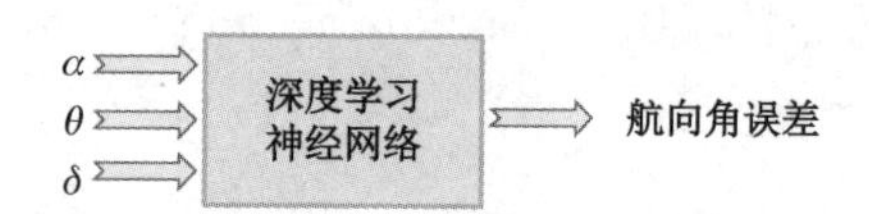

图4.3 基于深度学习神经网络的偏振光罗盘定向误差建模结构

4.2 典型神经网络模型

4.2.1 循环神经网络（RNN）

循环神经网络（Recurrent Neural Network，RNN）是1986年由Jordan等首次提出[111]的，它是由一系列相同的基本结构模块组成的可用于处理序列数据的神经网络，即该模型基本结构模块中所有参数在序列数据的各个位置都可共享，且所有循环单元都按照链式结构连接。RNN包括输入层、隐藏层和输出层，它与传统人工神经网络最大的不同在于RNN具有“记忆功能，即该神经网络隐藏层既与当前时刻网络输入有关，又与前一时刻隐藏层输出有关。

RNN原理结构如图4.4所示，t表示时间步长，即为了将输入数据时间序列重构为神经网络学习数据集，通常把改变窗口大小作为变量对输入数据集进行预处理，该变量称为时间步长[112]。$\boldsymbol{n}_t$是时间步长t的输入向量；s_t表示该神经网络在时间步长t的隐藏状态，s_t通过前一时间步长（$t-1$）的隐藏状态s_{t-1}和当前时间步长t的输入向量$\boldsymbol{n}_t$计算；$\boldsymbol{h}_t$是时间步长t的输出向量。

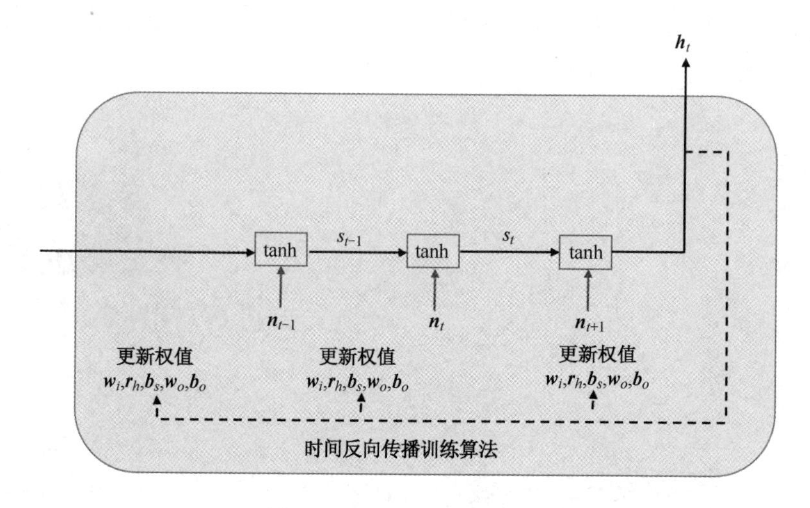

图 4.4　RNN 原理结构

对于一个时间步长为t的输入时序$N=(\boldsymbol{n}_1,\boldsymbol{n}_2,\cdots,\boldsymbol{n}_t)$，将$N$中每个列向量依次输入 RNN，对于某一时刻的输入$\boldsymbol{n}_t$经过 RNN 网络模型得到输出$\boldsymbol{h}_t$的运算过程如下：

$$s_t=\tanh\left(\boldsymbol{w}_i n_t+\boldsymbol{r}_h s_{t-1}+\boldsymbol{b}_s\right) \tag{4.3}$$

$$h(t)=\sigma\left(\boldsymbol{w}_o s_t+\boldsymbol{b}_o\right) \tag{4.4}$$

其中，tanh 是 RNN 循环单元的双曲正切函数，可训练的$\boldsymbol{w}_i$、$\boldsymbol{r}_h$、$\boldsymbol{w}_o$、$\boldsymbol{b}_s$和$\boldsymbol{b}_o$分别表示该神经网络输入层与隐藏层连接权值矩阵、上一时刻隐藏层的值作为当前时刻输入的权值矩阵、隐藏与到输出层循环权值矩阵和偏置矩阵，$\sigma(\cdot)$表示该神经网络的 softmax 激活函数。对于每个时间步长，相应的基本结构具有相同的参数$\boldsymbol{w}_i$、$\boldsymbol{r}_h$、$\boldsymbol{w}_o$、$\boldsymbol{b}_s$和$\boldsymbol{b}_o$。

RNN 通过采用时间反向传播训练（Back Propagation Training Time，BPTT）算法[113]对该模型所有连接权值矩阵和偏置矩阵求导数，并不断进行更新直至该神经网络模型收敛。在此过程中，引入对数损失函数（L）的随机梯度下降（SGD）

方法对 RNN 模型参数进行连续修改使 LF 最小化，即沿着需要优化训练参数的负梯度反向不断搜索更新，直至该神经网络模型收敛。此过程主要包括以下三步：

Step1：通过式（4.3）和式（4.4）前向计算 RNN 神经网络每个神经元输出值。

Step2：计算最终损失函数。在 RNN 中，由于序列在每个时间步t都有损失函数$L(t)$，所以最终损失函数L为各个时间步损失函数之和：

$$L=\sum_{j=1}^{t}L(j) \tag{4.5}$$

Step3：计算参数$\boldsymbol{w}_i$、$\boldsymbol{r}_h$、$\boldsymbol{w}_o$、$\boldsymbol{b}_s$和$\boldsymbol{b}_o$。首先通过求导计算当前时刻t隐藏状态s_t的梯度∇_t，然后计算相应参数$\boldsymbol{w}_i$、$\boldsymbol{r}_h$、$\boldsymbol{w}_o$、$\boldsymbol{b}_s$和$\boldsymbol{b}_o$的梯度，整个过程用数学公式表示为：

$$\nabla_t=\frac{\partial L}{\partial s_t} \tag{4.6}$$

$$\nabla \boldsymbol{w}_i=\frac{\partial L}{\partial \boldsymbol{w}_i}=\sum_{j=1}^{t}\frac{\partial L}{\partial s_t}\frac{\partial s_t}{\partial \boldsymbol{w}_i}=\sum_{j=1}^{t}\sum_{k=1}^{j}\frac{\partial L_t}{\partial h_t}\frac{\partial h_t}{\partial s_t}\left(\prod_{j=k+1}^{t}\frac{\partial s_j}{\partial s_{j-1}}\right)\frac{\partial s_k}{\partial \boldsymbol{w}_i}=\sum_{j=1}^{t}\mathrm{diag}\left(1-\left(s_t\right)^2\right)\nabla_t\left(s_{t-1}\right)^{\mathrm{T}} \tag{4.7}$$

$$\nabla \boldsymbol{r}_h=\frac{\partial L}{\partial \boldsymbol{r}_h}=\sum_{j=1}^{t}\frac{\partial L}{\partial s_t}\frac{\partial s_t}{\partial \boldsymbol{r}_h}=\sum_{j=1}^{t}\sum_{k=1}^{j}\frac{\partial L_t}{\partial h_t}\frac{\partial h_t}{\partial s_t}(\prod_{j=k+1}^{t}\frac{\partial s_j}{\partial s_{j-1}})\frac{\partial s_k}{\partial \boldsymbol{r}_h}=\sum_{j=1}^{t}\mathrm{diag}(1-(s_t)^2)\nabla_t(n_t)^{\mathrm{T}} \tag{4.8}$$

$$\nabla \boldsymbol{b}_s=\frac{\partial L}{\partial \boldsymbol{b}_s}=\sum_{j=1}^{t}\frac{\partial L}{\partial s_t}\frac{\partial s_t}{\partial \boldsymbol{b}_s}=\sum_{j=1}^{t}\mathrm{diag}\left(1-\left(s_t\right)^2\right)\nabla_t \tag{4.9}$$

$$\nabla \boldsymbol{w}_o=\frac{\partial L}{\partial \boldsymbol{w}_o}=\sum_{j=1}^{t}\frac{\partial L_t}{\partial h_t}\frac{\partial h_t}{\partial \boldsymbol{w}_o}=\sum_{j=1}^{t}\left(\tilde{h}_t-h_t\right)\left(h_t\right)^{\mathrm{T}} \tag{4.10}$$

$$\nabla \boldsymbol{b}_o = \frac{\partial L}{\partial \boldsymbol{b}_o} = \sum_{j=1}^{t} \frac{\partial L_t}{\partial \boldsymbol{h}_t} \frac{\partial \boldsymbol{h}_t}{\partial \boldsymbol{b}_o} = \sum_{j=1}^{t} \tilde{\boldsymbol{h}}_t - \boldsymbol{h}_t \tag{4.11}$$

由上述分析与计算可以看出，由于时间步长t中的隐藏层h_t不仅取决于当前时间步长t的输入向量$\boldsymbol{n}_t$，还取决于上一时间步长（$t-1$）中隐藏层s_{t-1}的计算输出信息，所以 RNN 在时间步长t的最终输出$\boldsymbol{h}_t$既与当前时间步长t的输入向量n_t有关，又与上一时间步长（$t-1$）中隐藏层s_{t-1}的计算信息有关。

从理论上讲，无论所要完成的任务序列有多长，RNN 神经网络都能充分利用所有信息进行准确预测，但在式（4.7）和式（4.8）计算中都需要依赖时间步长t的"求偏导数"和"连乘"运算，而在计算时间步长t的梯度时，需要考虑当前时刻t之前所有时间k的隐含状态信息对当前时刻t隐含状态信息的影响，即当t与k相差越来越远时，此影响被迭代的次数就越多，对应的隐含状态间"求偏导数"和"连乘"运算次数就越多。当激活函数 tanh 的偏导数较小或者等于零时，这种"求偏导数"和"连乘"结构随时间增加使 RNN 产生"梯度消失"；反之，当激活函数 tanh 的偏导数较大时，这种"求偏导数"和"连乘"结构随时间增加使 RNN 产生"梯度爆炸"。因此，当输入序列较长时，RNN 存在的"梯度消失"和"爆炸梯度"使该模型预测精度显著下降，而 LSTM 神经网络和 GRU 神经网络能够很好地解决这些问题[114]。

4.2.2　长短期记忆（LSTM）神经网络

长短期记忆（Long Short Term Memory，LSTM）神经网络于 1997 年由 Hochreiter 等首次提出[115]，它与传统循环神经网络（RNN）具有相似的链式结构，但 LSTM 神经网络由三个保持和调整存储单元状态 s_t、隐藏单元状态 h_t 的经典门组成，即遗忘门 f_t、输入门 i_t 和输出门 o_t。LSTM 神经网络一方面通过门结构控制信息有选择性地保留和通过，另一方面门结构中 sigmoid 神经网络“全连接层”和“逐点相乘”组合，不仅解决了传统 RNN 模型与长短期时间的依赖关系，还对传统 RNN 训练过程中出现的“梯度”问题进行了有效处理。其中 sigmoid 层将门输入向量输出为一个 0～1 的实数向量，当该输出向量为“0”时，任何向量与之“逐点相乘”都是零向量，即任何信息都不通过；当该输出向量为“1”时，任何向量与之“逐点相乘”都不会发生变化，即所有信息都可以通过。

LSTM 神经网络的基本结构如图 4.5 所示，t 表示时间步长，$\boldsymbol{n}_t$ 和 $\boldsymbol{h}_{t-1}$ 分别是 LSTM 在时间步长 t 和（$t-1$）中的输入向量及隐藏单元状态，s_t 和 s_{t-1} 分别是 LSTM 在时间步长 t 和（$t-1$）中的存储单元状态。LSTM 神经网络单元结构表明该模型在时间步长 t 中的存储单元状态 s_t 和隐藏单元状态 $\boldsymbol{h}_t$ 都转移到下一个时间步长中。

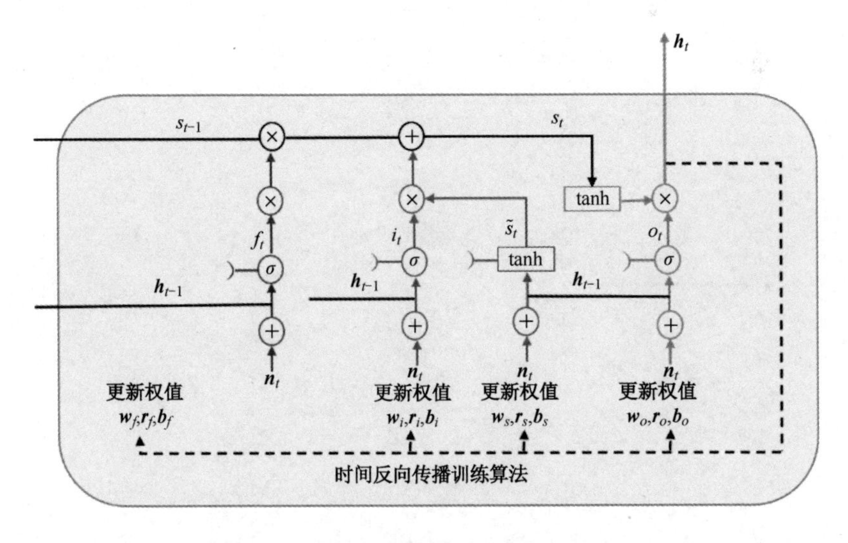

图 4.5　LSTM 神经网络的原理结构

对于一个时间步长为t的输入时序$N=(\boldsymbol{n}_1,\boldsymbol{n}_2,\cdots,\boldsymbol{n}_t)$，将$N$中每个列向量依次输入 LSTM 神经网络，对于某一时刻的输入n_t经过 LSTM 网络模型得到输出h_t的运算过程如下。

（1）遗忘门f_t

决定前一时刻单元状态s_{t-1}中哪些信息从当前时刻单元状态s_t中被舍弃或被保留。该门通过读取前一时刻的输出$\boldsymbol{h}_{t-1}$和当前时刻的输入$\boldsymbol{n}_t$，为前一时刻单元状态s_{t-1}输出一个 0～1 的向量：“0”表示信息完全被舍弃，“1”表示信息完全被保留。此过程用数学公式表示为：

$$f_t=\sigma\left(\boldsymbol{w}_f\left(\boldsymbol{h}_{t-1},\boldsymbol{n}_t\right)+\boldsymbol{r}_f\left(\boldsymbol{h}_{t-1}\right)+\boldsymbol{b}_f\right) \tag{4.12}$$

其中可训练的$\boldsymbol{w}_f$、$\boldsymbol{r}_f$和$\boldsymbol{b}_f$分别表示该神经网络遗忘门f_t的连接权值矩阵、循环权值矩阵和偏置矩阵，$(\boldsymbol{h}_{t-1},\boldsymbol{n}_t)$表示将前一时刻的输出$\boldsymbol{h}_{t-1}$和当前时刻的输入$\boldsymbol{n}_t$进行连接，$\sigma(\cdot)$表示该神经网络的 sigmoid 激活函数。其原理结构如图 4.6 所示。

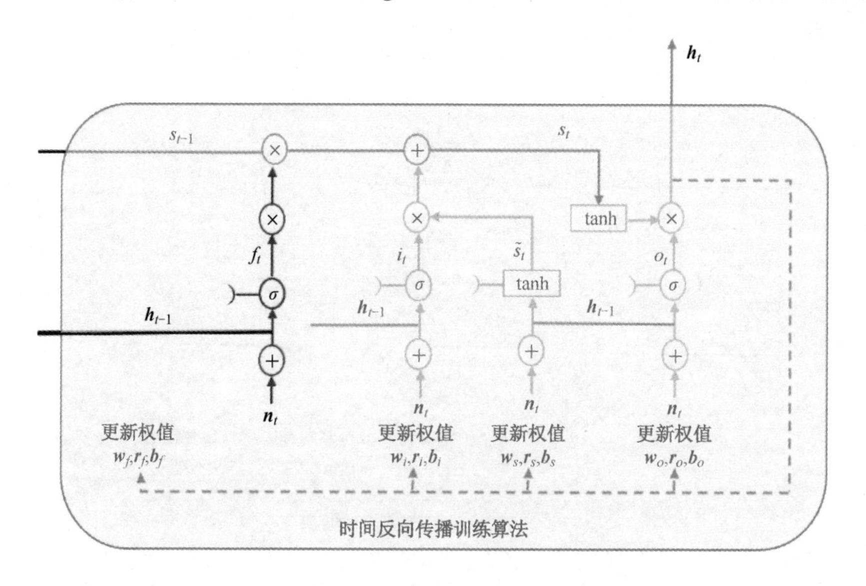

图 4.6　LSTM 神经网络遗忘门原理结构

（2）输入门i_t

决定哪些新信息被加入当前时刻的单元状态$\tilde{s}_t$中，需要两步实现新信息的加入：

① 通过该门中的sigmoid层和决定需要更新的信息，通过tanh层生成新的向量$\tilde{s}_t$；

② 将①中的两部分向量联合后更新至当前时刻的单元状态$\tilde{s}_t$。这样通过遗忘门f_i控制之前的长期记忆s_{t-1}，通过输入门i_t控制当前记忆$\tilde{s}_t$，两者结合最终形成新的单元状态s_t，即更新的候选值。此过程用数学公式表示为：

$$i_t = \sigma\left(\boldsymbol{w}_i\left(\boldsymbol{h}_{t-1}, \boldsymbol{n}_t\right) + \boldsymbol{r}_i\left(\boldsymbol{h}_{t-1}\right) + \boldsymbol{b}_i\right) \tag{4.13}$$

$$\tilde{s}_r = \tanh\left(\boldsymbol{w}_s\left(\boldsymbol{h}_{i-1}, \boldsymbol{n}_t\right) + \boldsymbol{r}_s\left(\boldsymbol{h}_{i-1}\right) + \boldsymbol{b}_s\right) \tag{4.14}$$

$$s_t = f_t \otimes s_{t-1} + i_t \otimes \tilde{s}_t \tag{4.15}$$

其中可训练的$\boldsymbol{w}_i$、$\boldsymbol{r}_i$和$\boldsymbol{b}_i$分别表示该神经网络输入门i_t的连接权值矩阵、循环权值矩阵和偏置矩阵，$\tanh(\cdot)$表示该神经网络的tanh激活函数。其原理结构如图4.7所示。

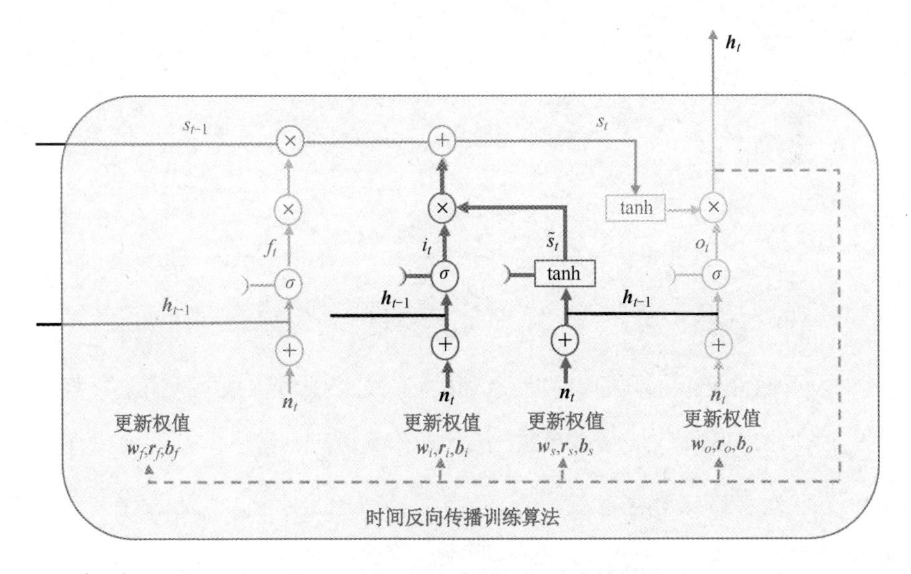

图4.7　LSTM神经网络输入门原理结构

输出门o_t：决定单元状态s_t中的哪些信息输出至 LSTM 神经网络的当前输出值o_t。此过程用数学公式表示为：

$$o_t = \sigma\left(\boldsymbol{w}_o\left(\boldsymbol{h}_{t-1},\boldsymbol{n}_t\right)+\boldsymbol{r}_o\left(\boldsymbol{h}_{t-1}\right)+\boldsymbol{b}_o\right) \tag{4.16}$$

$$\boldsymbol{h}_t = o_t \otimes \tanh\left(s_t\right) \tag{4.17}$$

其中可训练的$\boldsymbol{w}_o$、$\boldsymbol{r}_o$和$\boldsymbol{b}_o$分别表示该神经网络输出门o_t的连接权值矩阵、循环权值矩阵和偏置矩阵。其原理结构如图 4.8 所示。

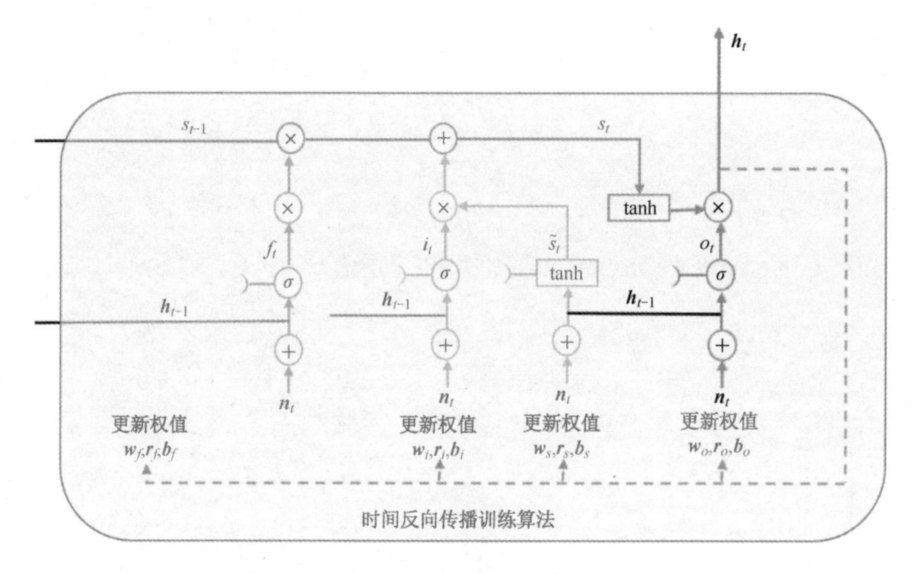

图 4.8　LSTM 神经网络输出门原理结构

LSTM 神经网络通过采用时间反向传播训练算法对该模型所有连接权值矩阵和偏置矩阵进行更新[116]。在此过程中，引入带损失函数（L）的随机梯度下降（SGD）方法对 LSTM 模型参数进行连续修改使 LF 最小化。此过程主要包括以下三步。

Step1：通过式（4.12）～式（4.17）前向计算 LSTM 神经网络每个神经元输

出值。

Step2：反向计算 LSTM 神经网络每个神经元的误差项值。通过定义的当前时刻t误差项Δ_t、式（4.17）计算的隐藏状态h_t和单元状态s_t反向传递至任意时刻k的误差项$\varDelta_k$，如公式 4.18 所示，整个过程用数学公式表示为：

$$\varDelta_t \overset{\text{def}}{=\!=} \frac{\partial L}{\partial \boldsymbol{h}_t} \tag{4.18}$$

$$\varDelta_{t-1} = \frac{\partial L}{\partial \boldsymbol{h}_{t-1}} = \Delta_t \frac{\partial \boldsymbol{h}_t}{\partial \boldsymbol{h}_{t-1}} \tag{4.19}$$

$$\varDelta_k = \prod_{j=k}^{t-1} \varDelta_{o,j}\boldsymbol{w}_{oh} + \varDelta_{f,j}\boldsymbol{w}_{fh} + \varDelta_{i,j}\boldsymbol{w}_{ih} + \varDelta_{\tilde{h},j}\boldsymbol{w}_{ch} \tag{4.20}$$

$$\frac{\partial L}{\partial \text{net}_t^{l-1}} = \left(\varDelta_{f,t}\boldsymbol{w}_{fn} + \varDelta_{i,t}\boldsymbol{w}_{in} + \varDelta_{\tilde{h},t}\boldsymbol{w}_{cn} + \varDelta_{o,t}\boldsymbol{w}_{on}\right) \otimes f'(\text{net}_t^{l-1}) \tag{4.21}$$

Step3：根据 Step2 中相应误差项分别计算连接权值矩阵梯度、循环权值矩阵和偏置矩阵梯度。

连接权值矩阵在反向传播中分为前一时刻输出向量$\boldsymbol{h}_{j-1}$和当前时刻输入向量$\boldsymbol{n}_t$两部分，所以 LSTM 神经网络需要训练的三个门f_t、i_t、o_t与单元状态s_t连接权值矩阵分为两个不同矩阵，即$\boldsymbol{w}_{fh}$和$\boldsymbol{w}_{fn}$、$\boldsymbol{w}_{ih}$和$\boldsymbol{w}_{in}$、$\boldsymbol{w}_{sh}$和$\boldsymbol{w}_{sn}$、$\boldsymbol{w}_{oh}$和$\boldsymbol{w}_{on}$。$\boldsymbol{w}_{fh}$、$\boldsymbol{w}_{ih}$、$\boldsymbol{w}_{sh}$、$\boldsymbol{w}_{oh}$的梯度下降是各时刻梯度下降之和，其数学表达为：

$$\nabla \boldsymbol{w}_{fh} = \sum_{j=1}^{t} \varDelta_{f,j}\boldsymbol{h}_{j-1} \tag{4.22}$$

$$\nabla \boldsymbol{w}_{ih} = \sum_{j=1}^{t} \varDelta_{i,j}\boldsymbol{h}_{j-1} \tag{4.23}$$

$$\nabla \boldsymbol{w}_{sh} = \sum_{j=1}^{t} \Delta_{\tilde{s},j}\boldsymbol{h}_{j-1} \tag{4.24}$$

$$\nabla \boldsymbol{w}_{oh} = \sum_{j=1}^{t} \varDelta_{o,j}\boldsymbol{h}_{j-1} \tag{4.25}$$

$\boldsymbol{w}_{fn}$、$\boldsymbol{w}_{in}$、$\boldsymbol{w}_{sn}$、$\boldsymbol{w}_{on}$的梯度下降直接根据误差项计算获得，其数学表达式为：

$$\nabla \boldsymbol{w}_{fn} = \varDelta_{f,t} N_t \tag{4.26}$$

$$\nabla \boldsymbol{w}_{in} = \varDelta_{i,t} N_t \tag{4.27}$$

$$\nabla \boldsymbol{w}_{sn} = \varDelta_{\tilde{s},t} N_t \tag{4.28}$$

$$\nabla \boldsymbol{w}_{on} = \varDelta_{o,t} N_t \tag{4.29}$$

循环权值矩阵$\boldsymbol{r}_f$、$\boldsymbol{r}_i$、$\boldsymbol{r}_s$、$\boldsymbol{r}_o$梯度下降和偏置权值矩阵$\boldsymbol{b}_f$、$\boldsymbol{b}_i$、$\boldsymbol{b}_s$、$\boldsymbol{b}_o$梯度下降都是各时刻相对应梯度下降之和，其数学表达式为：

$$\nabla \boldsymbol{r}_f = \sum_{j=1}^{t} \varDelta_{f,j+1} o_j \boldsymbol{h}(s_j) \tag{4.30}$$

$$\nabla \boldsymbol{r}_i = \sum_{j=1}^{t} \varDelta_{i,j+1} o_j \boldsymbol{h}(s_j) \tag{4.31}$$

$$\nabla \boldsymbol{r}_s = \sum_{j=1}^{t} \varDelta_{\tilde{s},j+1} o_j \boldsymbol{h}(s_j) \tag{4.32}$$

$$\nabla \boldsymbol{r}_o = \sum_{j=1}^{t} \varDelta_{o,j+1} o_j \boldsymbol{h}(s_j) \tag{4.33}$$

$$\nabla \boldsymbol{b}_f = \sum_{j=1}^{t} \varDelta_{f,j} \tag{4.34}$$

$$\nabla \boldsymbol{b}_i = \sum_{j=1}^{t} \varDelta_{i,j} \tag{4.35}$$

$$\nabla \boldsymbol{b}_s = \sum_{j=1}^{t} \varDelta_{\tilde{s},j} \tag{4.36}$$

$$\nabla \boldsymbol{b}_o = \sum_{j=1}^{t} \varDelta_{o,j} \tag{4.37}$$

通过上述过程重复训练 LSTM 神经网络，并用特定数据迭代上述方程即可建立稳定收敛的 LSTM 神经网络模型。由于 LSTM 神经网络输入层、隐含层和输出层中的 sigmoid 函数和“逐点相乘”将门输入向量输出为一个 0～1 的实数向量，因此，无论输入序列有多长，该输出向量都接近或者大于“1”，LSTM 神经网络梯度都不会出现“梯度消失”和“梯度爆炸”。

4.2.3　门控循环单元（GRU）神经网络

LSTM 神经网络虽然以其优异的长期记忆功能而得到广泛应用，但是由于该神经网络结构复杂，因此训练过程通常需要较长时间。为了加快训练过程，Cho 等于 2014 年提出了门控单元（GRU）神经网络[117]。作为 LSTM 神经网络的一种改进模型，GRU 在保持 LSTM 性能的基础上具有更简单的结构和更少的训练参数，因此，训练过程所用的时间更少。

与 LSTM 神经网络相比，GRU 神经网络只有复位门 R_t 和更新门 U_t、两个门结构，并利用隐藏状态 H_t 代替 LSTM 中的单元状态 s_t，直接向下一个单元传输信息，所以 GRU 神经网络不保存也不控制单元状态 s_t 信息。其原理结构如图 4.9 所示。

对于一个时间步长为 t 的输入时序 $N=\left(\boldsymbol{n}_1,\boldsymbol{n}_2,\cdots,\boldsymbol{n}_t\right)$，将 N 中每个列向量依次输入 GRU 神经网络，对于某一时刻的输入 $\boldsymbol{n}_t$ 经过 GRU 神经网络模型得到输出 $\boldsymbol{h}_t$ 的运算过程如下。

（1）复位门 R_t

控制前一状态 $\boldsymbol{h}_{t-1}$ 的哪些信息写入当前候选状态 $\boldsymbol{h}_t$。R_t 越小，由前一状态写入候选状态的信息越少；反之R_t越大，由前一状态写入候选状态的信息越多。R_t对短期序列任务更加有效，此过程用数学公式表示为：

$$R_t = \sigma(\boldsymbol{w}_R(\boldsymbol{h}_{t-1}, \boldsymbol{n}_t) + \boldsymbol{r}_R(\boldsymbol{h}_{t-1}) + b_{\boldsymbol{R}}) \tag{4.38}$$

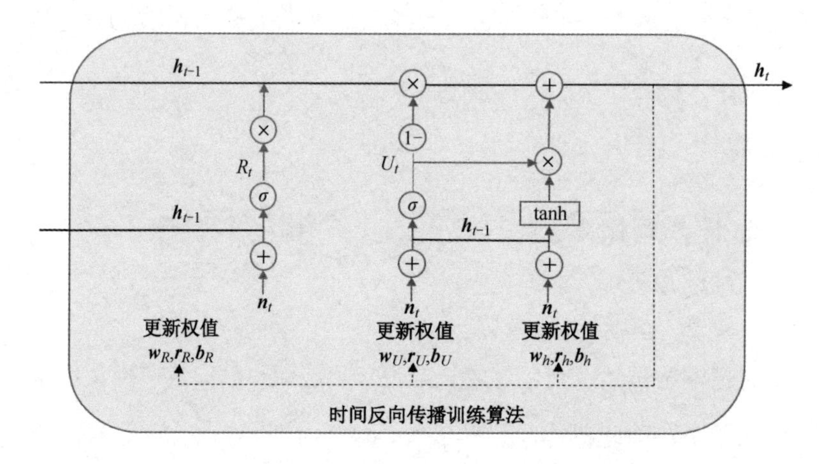

图 4.9　GRU 神经网络原理结构

其中，可训练的$\boldsymbol{w}_R$、$\boldsymbol{r}_R$和$\boldsymbol{b}_R$分别表示该神经网络复位门R_t的连接权值矩阵、循环权值矩阵和偏置权值矩阵，其原理结构如图 4.10 所示。

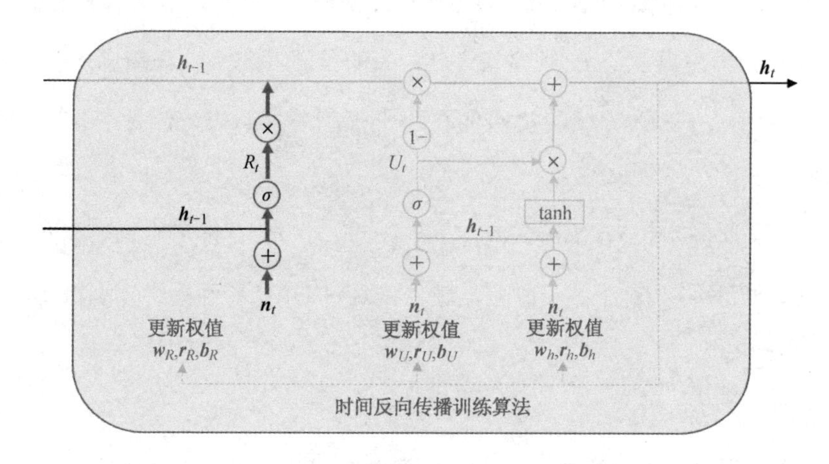

图 4.10　GRU 神经网络复位门原理结构

（2）更新门U_t

决定从上一时刻（t-1）到当前时刻 t 丢弃哪些信息以及添加哪些新信息，其功能类似于 LSTM 神经网络的遗忘门 f_t 和输入门i_t 。U_t 对长期序列任务更加有效，此过程用数学公式表示为：

$$U_t = \sigma(\boldsymbol{w}_U(\boldsymbol{h}_{t-1},\boldsymbol{n}_t) + \boldsymbol{r}_U(\boldsymbol{h}_{t-1}) + \boldsymbol{b}_U) \tag{4.39}$$

其中可训练的$\boldsymbol{w}_U$ 、$\boldsymbol{r}_U$ 和$\boldsymbol{b}_U$ 分别表示该神经网络更新门U_t 的连接权值矩阵、循环权值矩阵和偏置权值矩阵，其原理结构如图 4.11 所示。

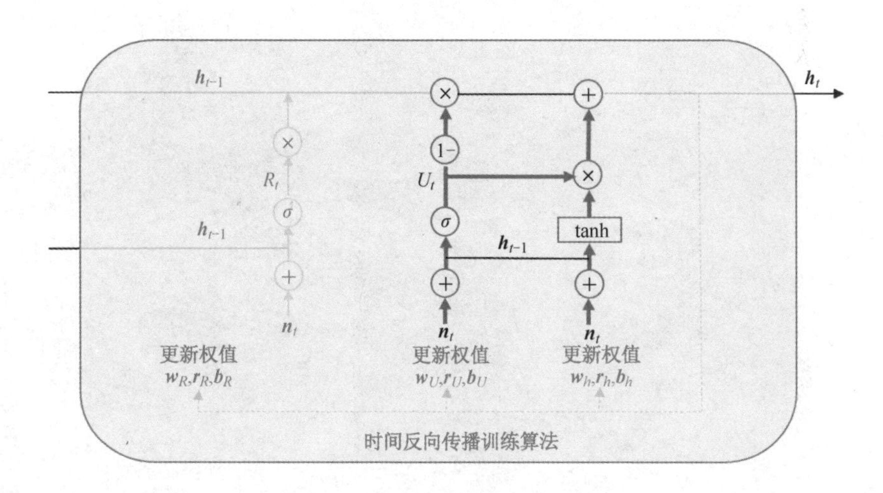

图 4.11　GRU 神经网络更新门原理结构

不同于 LSTM 神经网络，GRU 神经网络输出向量 $\boldsymbol{h}_t$ 通过 tanh 层生成新向量 $\tilde{\boldsymbol{h}}_t$，将该向量与更新门U_t 相结合后直接获得，即直接通过隐藏层 $\boldsymbol{h}_t$ 获得信息。此过程用数学公式表示为：

$$\tilde{\boldsymbol{h}}_t = \tanh\left(\boldsymbol{w}_h\boldsymbol{n}_t + \boldsymbol{r}_h U_t \boldsymbol{h}_{t-1} + \boldsymbol{b}_h\right) \tag{4.40}$$

$$\boldsymbol{h}_t=\left(1-U_t\right)\otimes\boldsymbol{h}_{t-1}+U_t\otimes\tilde{\boldsymbol{h}}_t \tag{4.41}$$

由于 GRU 神经网络结构与 LSTM 神经网络结果相似，因此采用与 LSTM 相同的训练过程即可训练 GRU 神经网络。

4.3 基于 GRU 深度学习神经网络的仿生偏振光罗盘定向误差建模与补偿

基于上述分析，为了有效减少载体运动过程中姿态角变化引起偏振成像系统采集的偏振角图像中的天顶点位置发生变化，使得拟合太阳子午线出现误差，从而引起偏振角计算的误差，最终对仿生偏振光罗盘定向精度的影响，本研究利用 GRU 深度学习神经网络对仿生偏振光罗盘姿态角变化引起的定向误差进行建模并补偿。通过转台试验与机载试验对该方法进行了验证，结果表明本书所提出的方法不但可以有效提高航向测量精度，而且通过探索偏振光罗盘姿态角变化与航向误差的映射关系，进一步丰富了偏振光定向误差处理的理论内容。

在 4.1 节和 4.2 节中，已详细分析仿生偏振光罗盘定向过程中，由于倾角以及太阳子午线与载体体轴夹角（A-SMBA）之间的耦合效应对定向误差的影响规律，并对它们之间高度复杂的非线性关系，以及典型机器学习和深度学习神经网络各自特点进行了研究。在此基础上，本节利用 GRU 深度学习神经网络构建偏振光罗盘姿态角变化与航向角误差之间的关系，以提高仿生偏振光罗盘在实际应用过程中的定向精度。仿生偏振光罗盘定向误差模型如图 4.12 所示。

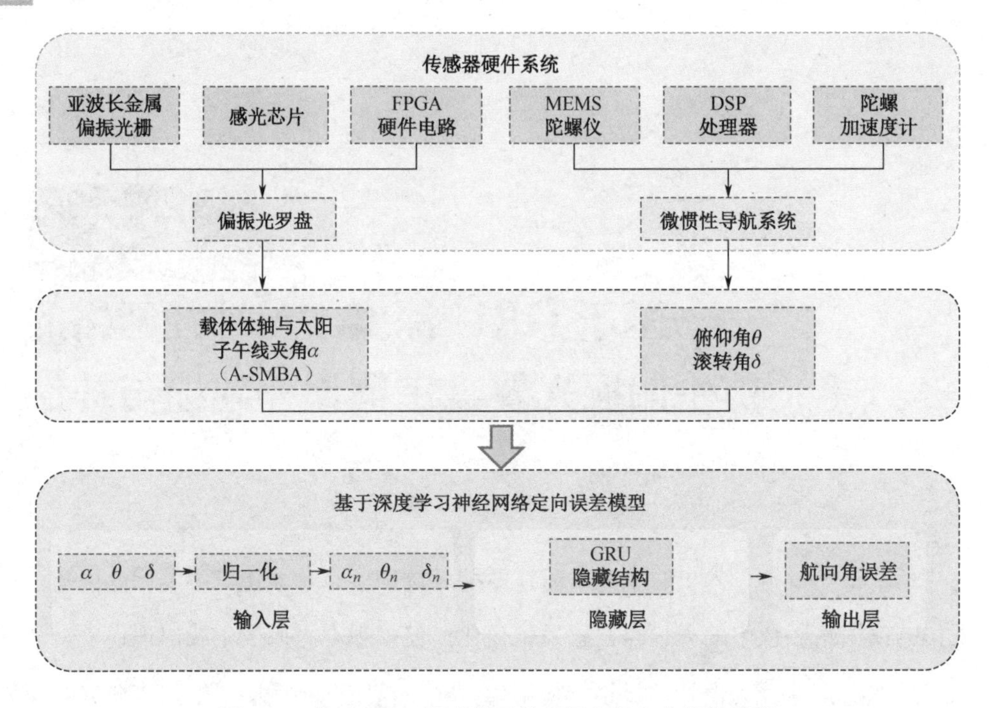

图 4.12　基于 GRU 深度学习神经网络的定向误差模型

在基于深度学习神经网络的仿生偏振光罗盘定向误差模型中，输入向量分别是由偏振光罗盘提供的前一时刻载体体轴与太阳子午线夹角α，由微惯性导航系统提供的载体或者偏振光罗盘俯仰角θ和滚转角δ，经过神经网络模型计算后直接输出航向角误差。采用高精度光纤陀螺惯性导航系统 / 全球卫星导航系统（FOG-INS/GNSS） / 组合导航系统（IMU-KVH 1750 / 加拿大 NovAtel PW 7720）作为测量基准（参考定向精度为 0.035°），通过对该测量基准值与仿生偏振光罗盘输出的航向角二者求差得到罗盘定向误差值，将模型输出航向角误差与之对比来评估本书提出的定向误差模型性能。

为了建立并训练本书所提出的定向误差模型，在校园内首先进行了转台试验。转台试验装置为一个安装在三轴转台（TBR100）上的自制仿生偏振光罗盘。

转台试验装置可连续产生模型的同步输入与输出数据，试验设备及其参数分别如图 4.13 和表 4.1 所示。

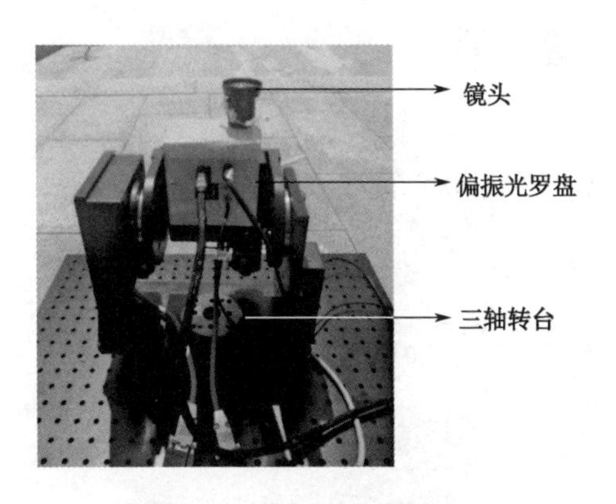

图 4.13　转台试验设备

表 4.1　转台试验设备参数

仿生偏振光罗盘	偏振单元	高深宽比像素级亚波长金属偏振光栅
	感光芯片	购买
	硬件电路	FPGA 硬件电路
三轴转台	转台型号	TBR100
	全阶跃分辨率（°）	0.01
	最快速度（°/s）	20
	定向精度（°）	≤0.05

试验时间从 2020 年 10 月 1 日到 2020 年 10 月 30 日（上午 7:30—11:00，下午 15:30—17:00），持续 30 天。试验过程如下：首先将转台俯仰角θ保持不变，滚转角δ从−15° 到 15° 每隔 3° 变化一次；然后保持滚转角δ不变，俯仰角θ从−15° 到 15° 每隔 3° 变化一次，整个试验过程转台旋转角度（即航向角ψ）分别为 0°、45°、90°、135°、180°、225°、270°、315°；载体体轴与太阳子午线夹

角（A-SMBA）使用前一时刻载体体轴与太阳子午线夹角（PA-SMBA）α代替，α可在航向角计算过程中得到；最终得到不同航向误差随转台姿态角变化的三维图，如图 4.14 所示。

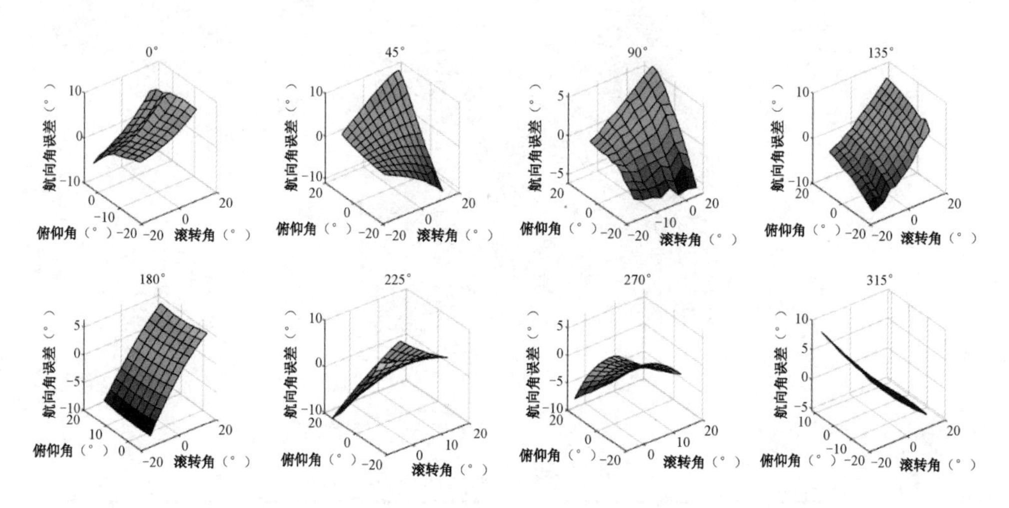

图 4.14　仿生偏振光罗盘定向误差随罗盘姿态角变化三维示意图

图 4.14 结果表明，仿生偏振光罗盘的姿态角（俯仰角θ、滚转角δ、A-SMBA）对其定向误差的影响具有高度复杂的非线性。将上述试验过程得到的结果采用本章提出的基于 GRU 深度学习神经网络进行建模，以俯仰角θ、滚转角δ、PA-SMBA（即α）作为模型输入，定向误差作为模型输出，建立仿生偏振光罗盘定向误差与其姿态角变化之间的关系。以上述 30 天内采集的转台数据作为模型训练集，以一天内获得的部分数据（460 个采样点）作为模型测试集进行试验，并将其试验结果与采用随机森林（RF）神经网络、径向基函数（RBF）神经网络、Elman 神经网络和 LSTM 神经网络算法建模与补偿的罗盘航向角误差结果进行对比，如图 4.15 所示。

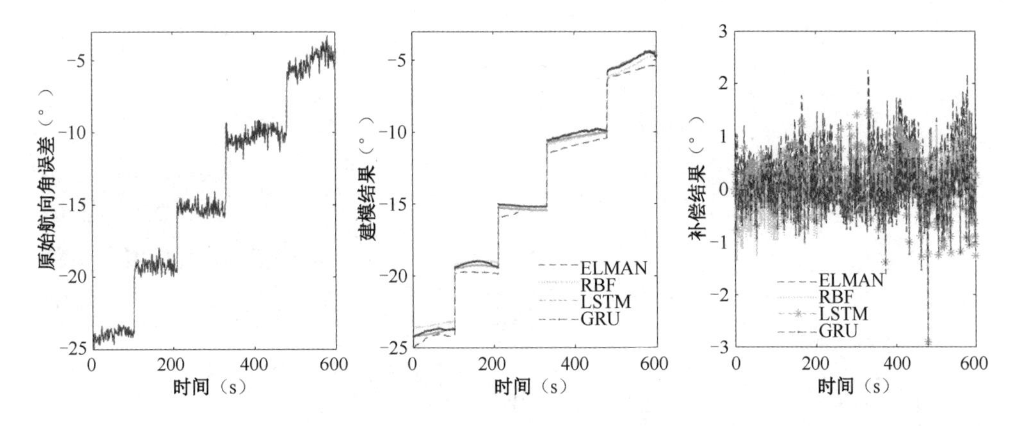

图 4.15　不同神经网络算法建模与补偿罗盘航向角误差对比

从图 4.15 可以看出，与其他典型神经网络模型相比，本书所提出的基于 GRU 深度学习神经网络建立的仿生偏振光罗盘定向误差模型可有效地减小定向误差。

表 4.2 列出了图 4.15 所示的不同神经网络建模与补偿后航向角误差的平均绝对误差（MAE）、标准差（SD）、均方根误差（RMSE）及各种神经网络模型运行数据所需时间，可以看出，基于 GRU 深度学习神经网络建模与补偿后所得的均方根误差（RMSE）值最小（0.4560°），误差模型运行数据时间最少（0.1074s），由此证明基于 GRU 深度学习神经网络的仿生偏振光罗盘定向误差模型，可以有效建立仿生偏振光罗盘姿态角与其定向误差之间的高度复杂非线性关系，而且能够获得最佳误差补偿效果。

表 4.2　不同神经网络算法建模与补偿罗盘航向角误差指标对比

神经网络算法	Computation time (s)	MAE (°)	SD (°)	RMSE (°)	UA (°)
原始误差	0	14.1589	6.4617	15.5614	0.2643
RBF	0.0468	0.3996	0.4702	0.4735	0.0182
Elman	0.0897	0.4315	0.5400	0.5396	0.0191
LSTM	0.1173	0.3552	0.4702	0.4735	0.0219
GRU	0.1074	0.3418	0.4491	0.4560	0.0211

4.4 基于 GRU 深度学习神经网络的仿生偏振光罗盘定向误差模型试验验证

为了进一步验证本书提出的定向误差模型的有效性和实用性，于 2020 年 11 月 12 日日落时分（16:10—17:30）在中北大学校园内进行了无人机机载试验。无人机机载试验装置包括与 4.4.2 节相同的仿生偏振光罗盘及测量基准系统（无人机机型：六旋翼 SLM-6S；最大载重：15kg；续航时间：20 分钟）。在机载试验过程中，无人机对地飞行高度 310m、飞行距离 500m，飞行轨迹如图 4.16 所示。

图 4.16　六旋翼无人机机载试验飞行轨迹

在飞行过程中，六旋翼无人机需要保持一定的倾斜度，以获得向前和转弯的动力。如图 4.17 中曲线所示，无人机姿态倾斜导致固连在无人机上的仿生偏振光罗盘定向精度受到影响，尤其是无人机在飞行过程中转弯时，定向精度会受到明显的影响。

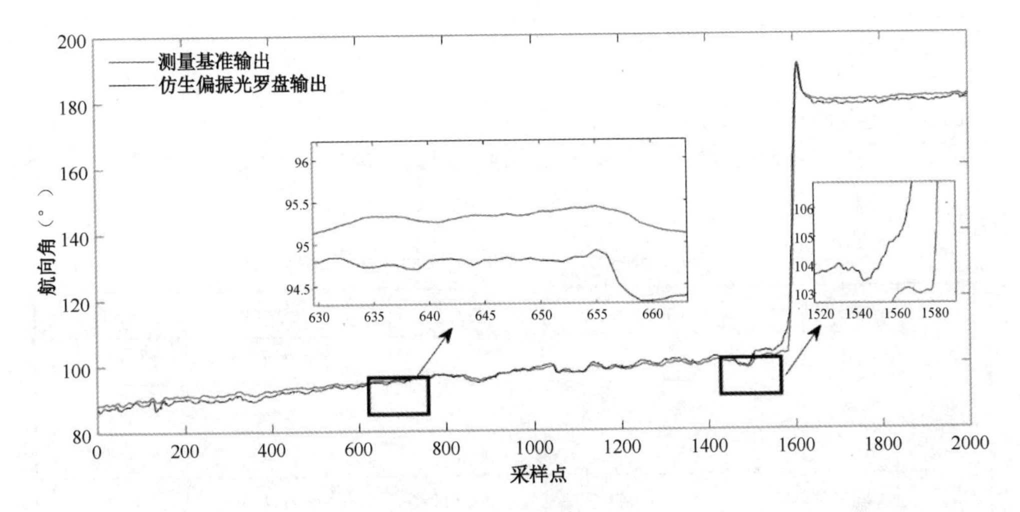

图 4.17　仿生偏振光罗盘和测量基准获得的航向角

为了有效降低无人机飞行过程中姿态变化引起的偏振光罗盘定向误差，采用第 4.1.2 节所述的基于 GRU 深度学习神经网络的定向误差模型进行补偿。不同神经网络模型补偿后偏振光罗盘定向误差曲线如图 4.18 所示，对应的定向误差性能评估指标对比见表 4.3。

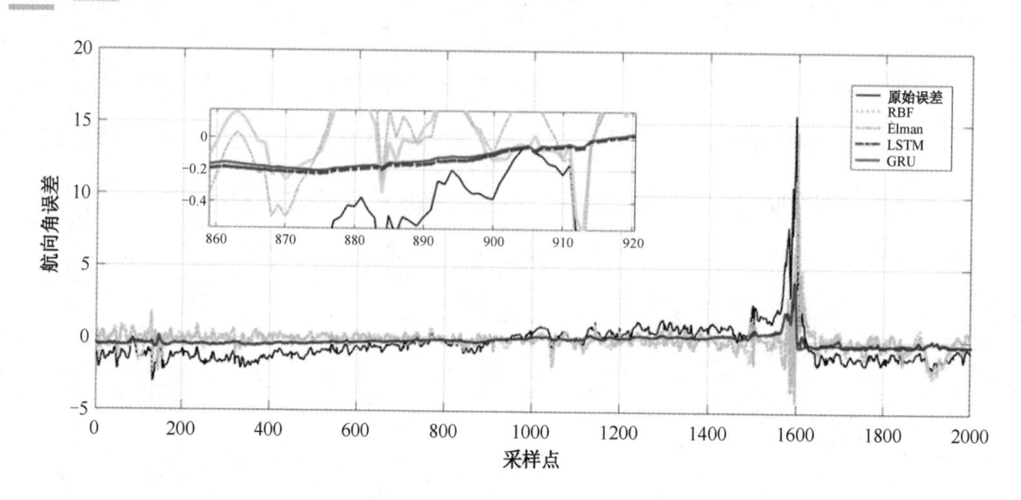

图 4.18　不同神经网络模型补偿后偏振光罗盘定向误差曲线

表 4.3　不同神经网络模型补偿后罗盘航向角误差指标对比

神经网络算法	MAE (°)	SD (°)	RMSE (°)	UA (°)
原始数据	0.9597	1.4530	1.4534	0.0115
Elman	0.4341	0.7740	0.7742	0.0118
RBF	0.3950	0.7365	0.7365	0.0173
LSTM	0.1069	0.5351	0.5352	0.0181
GRU	0.1067	0.5217	0.5218	0.0325

从图 4.18 和表 4.3 可以看出，采用本书提出的 GRU 深度学习神经网络对定向误差进行建模与补偿的结果为 0.5218°（RMSE），基于 RBF 和 Elman 神经网络对定向误差进行建模与补偿的最佳结果仅为 0.7365°（RMSE）。对比结果表明，基于 GRU 深度学习神经网络的仿生偏振光罗盘定向误差模型，能够有效模拟学习并逼近载体姿态角与定向误差之间的映射关系，具有健壮的非线性拟合功能，可有效提高仿生偏振光罗盘在实际工作过程中的定向精度。

4.5 本章小结

本章针对无人机在实际飞行过程中，由于载体姿态角变化及它们之间的耦合引起仿生偏振光罗盘定向误差的问题，重点开展了基于深度学习神经网络的仿生偏振光罗盘定向误差建模与补偿方法研究。本书提出的方法有效降低了由载体姿态角变化引起的偏振光罗盘定向误差，最终提高了其定向精度。

首先，基于仿生偏振光定向原理，综合分析了偏振光罗盘在工作过程中由于载体俯仰角和滚转角变化，引起偏振成像系统采集的偏振角图像中的天顶点位置发生变化，使拟合太阳子午线出现误差，从而引起偏振角计算的误差，最终导致仿生偏振光罗盘产生的定向误差；通过不同动态试验发现了太阳子午线与载体体轴夹角（A-SMBA）与载体倾角（即俯仰和滚转）的耦合效应对仿生偏振光罗盘定向精度的影响。

其次，针对上述耦合效应对仿生偏振光罗盘定向精度的影响，结合机器学习和深度学习神经网络特点，提出了一种基于 GRU 深度学习神经网络的仿生偏振光罗盘定向误差建模与补偿方法。

最后，面向本书提出的基于 GRU 深度学习神经网络的仿生偏振光罗盘定向误差建模与补偿方法，开展了转台试验和机载试验。试验结果表明：无人机在实际运动过程中由于载体姿态角变化引起的仿生偏振光罗盘定向误差，通过利用本书提出的建模与补偿方法进行处理后，可将偏振光罗盘定向误差控制在 0.5218°（RMSE）以内。

第5章

仿生偏振光罗盘/惯导无缝组合定向方法与系统

仿生偏振光罗盘（PC）单独工作时易受复杂环境条件（如云层、隧道、建筑物遮挡等）影响，难以提供连续的定向信息；惯性导航系统（INS）单独工作时误差随时间易发散。可将两者通过卡尔曼滤波器（Kalman filters）等信息融合方法进行有效组合，以其各自良好的自主性和相互之间的互补性提高整个组合定向系统的性能。本章重点研究基于自学习多频率残差校正的仿生偏振光罗盘/惯导无缝组合定向方法与系统。首先，通过多频率容积卡尔曼滤波器（CKF-MR）融合算法构建仿生偏振光罗盘（PC）和惯性导航系统（INS）的组合定向模型；其次，在PC不受影响的情况下，针对PC/INS组合定向系统数据输出频率较低及整个系统定向精度较低问题，提出一种基于多频率残差校正的容积卡尔曼滤波（CKF-MRC）融合算法；最后，当PC受遮挡等影响导致短暂不可用时，针对PC/INS组合定向系统提出一种基于长短期记忆神经网络（LSTM）的自学习无缝组合定向方法。通过无人机机载试验验证本书提出的基于CKF-MRC无缝组合定向方法，不但在PC不受影响时可有效提高PC/INS组合定向系统数据输出频率和定向精度，而且当PC受遮挡等影响导致短暂不可用时，仍能保持较高的定向精度，最终提升整个PC/INS组合定向系统的健壮性。

5.1 仿生偏振光罗盘／惯导无缝组合定向系统

本书设计的仿生偏振光罗盘 / 惯导（PC/INS）无缝组合定向系统主要由自制仿生偏振光罗盘（PC）、KY-IMU112 微惯性导航系统（MEMS-INS）、TX2 核心板组成，其实物和内部结构如图 5.1（a）和（b）所示。

（a）PC/INS 实物

（b）PC/INS 内部结构

图 5.1　PC/INS 实物及内部结构图

整个 PC/INS 无缝组合定向系统硬件架构如图 5.2 所示。

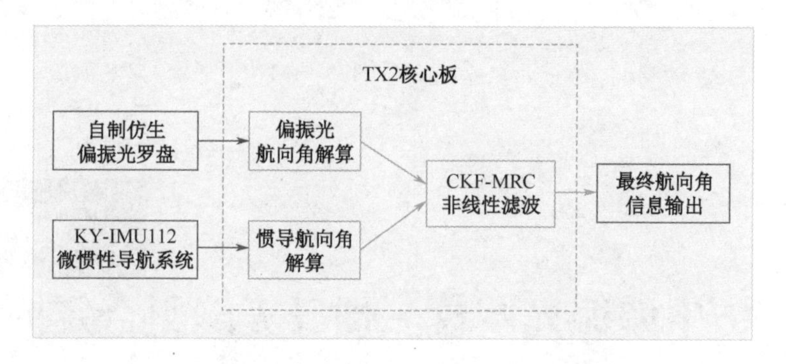

图 5.2　PC/INS 无缝组合定向系统硬件架构

仿生偏振光罗盘（PC）利用大气偏振模式解算航向角信息，其具体工作原理和结构在第 3 章已详细描述，在此不再赘述；KY-IMU112 微惯性导航系统和 TX2 核心板详细介绍如下。

1. KY-IMU112 微惯性导航系统

KY-IMU112 微惯性导航系统内的惯性测量单元（IMU）是由三个加速度计和三个高性能的 MEMS 陀螺仪组成的。IMU 负责测量载体的加速度和角速度，并将这些信息发送给信息处理电路。信息处理电路利用 IMU 测得的加速度和角速度进行导航数据解算，同时接收外部全球导航卫星系统（GNSS）接收机输出的卫星导航信息作为基准进行组合导航，对其惯性导航误差进行修正。通过信息接口电路输出载体的俯仰、横滚、航向、位置、速度、时间等导航信息，最终实现多传感器融合及组合导航。在 GNSS 无效时，可输出 IMU 解算的载体位置、速度和航姿信息，具备短时的导航精度保持功能。

2. TX2 核心板

Jetson TX2 是 NIVDIA 针对人工智能领域设计的拥有 256 个 CDUA 的开发板，

对于单线程或多线程处理都拥有很好的性能，其体积小巧，拥有8GB内存和32GB存储空间，支持WiFi和蓝牙，资源配置丰富且强大。本书所设计的系统中，开发板需要对KY-IMU112微惯性导航系统输出的航向角、偏振光罗盘输出的航向角、CKF-MRC非线性融合滤波器进行实时解算。经过综合考量，Jetson TX2能够很好地满足PC/INS无缝组合定向系统对开发板的多线程强大处理能力和体积小巧的需求。

5.2 仿生偏振光罗盘／惯导无缝组合定向模型构建

惯性基组合导航系统的信息融合基本上可以通过卡尔曼滤波（KF）[118]来实现。为了提高导航性能，已有研究人员提出了多种滤波方法。Chiang 等提出了一种基于运动约束的扩展卡尔曼滤波器（Extended Kalman Filter，EKF）融合方法，并利用基于栅格的同步定位和测绘（SLAM）改进技术融合了 INS 数据和 GNSS 数据，通过构建误差模型使得只有 INS 数据可用时，该方案也可获得可靠的测量结果[118]。文献[120]利用联合滤波器（FF）将视觉信息、雷达和惯性信息相融合，建立了舰载着陆综合制导系统，并通过车载试验验证了该系统可取得令人满意的性能。文献[121]提出一种基于高斯过程算法的参数中心差分卡尔曼滤波器（PCD-KF），最终提升了捷联惯导（SINS）和 GNSS 数据融合预测性能。文献[122]利用径向基函数（RBF）和容积卡尔曼滤波器（CRF）增强融合方法，测量由采样频率差异和发散引起的 INS/PC 组合姿态参数。

此外，随着人工智能领域的发展，人工神经网络（Artificial Neural Network，ANN）如反向传播神经网络（BPNN）、径向基函数神经网络（RBFNN）、支持向量机（SVM）、随机森林（RF）、Elman 神经网络（Elman NN）等，可从信息处理视角出发，通过对人脑神经元抽象后精确地构建误差模型，并通过训练和预测阶段最终可达到优越的预测性能。尽管上述方法在提高组合导航系统性能方面已取得巨大进步，但目前专门针对仿生偏振光罗盘/惯导组合定向系统的研究偏少。由于 PC 需要获取天空偏振光信息来实现载体航向测量，当 PC 处于复杂环境（比如多云天气、隧道或建筑物遮挡等）时，PC 的航向测量会出现短暂不可用，从而导致整个 PC/INS 组合定向系统输出的数据发散，因此，开展 PC/INS 组合定向方法与系统研究具有重要的意义。

本书面向 PC/INS 组合定向系统实际应用，在各子系统正常工作时，针对系统中 PC 采样频率远低于 INS 采样频率，导致整个组合定向系统数据输出频率降低，并且组合定向精度有待提高的问题，提出一种基于多频率残差校正的容积卡尔曼滤波（CKF-MRC）方法，即把 PC 和 INS 航向角测量值分别作为滤波器的观测变量和状态变量，通过 CKF-MRC 融合算法实现 PC 数据和 INS 数据的差速优化融合，使得整个系统的输出频率和定向精度显著提高。本书针对 PC 受云层、建筑等遮挡短暂不可用这一问题，提出一种基于长短期记忆（LSTM）神经网络的自学习无缝组合定向方法，通过训练 LSTM 深度学习神经网络建立 PC 航向角输出值与 INS 的 z 轴角频率和时间之间的非线性关系，利用 LSTM 预测 PC 航向角数据，并将其输入 CKF-MRC 滤波器中与 INS 输出的航向角数据进行融合，最终使得整个 PC/INS 组合定向系统在复杂环境条件下健壮性显著增强，定向精度显著提高。基于自学习多频率残差校正的 PC/INS 无缝组合定向模型如图 5.3 所示。

上述无缝组合定向模型工作流程可分为训练和预测两个阶段：（1）在 PC 不受影响情况下，训练阶段不仅可以通过 CKF-MRC 融合算法实现 PC 和 INS 输出数据的差速融合，还可通过基于 LSTM 深度学习神经网络模型构建 INS 中 z 轴陀螺仪角频率（ω_z）和时间（t）与 PC 航向角数据（$\tilde{\varphi}_\mathrm{P}$）之间的复杂非线性映射关系。其中 LSTM 神经网络模型以 INS 的 z 轴角频率和时间作为模型输入向量，

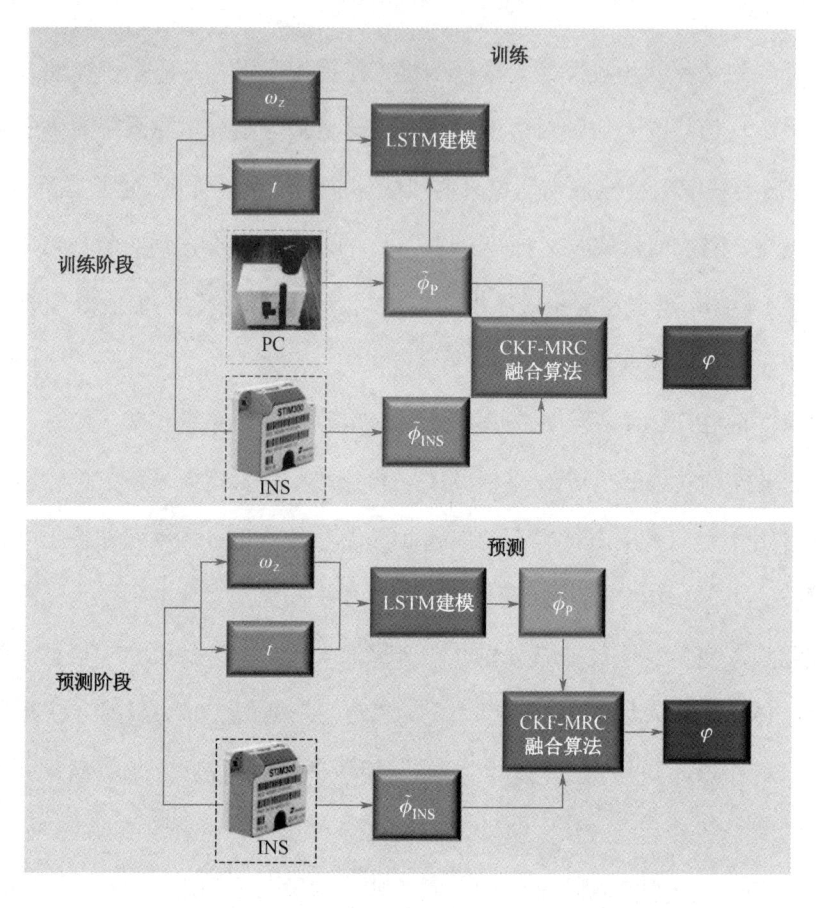

图 5.3　基于自学习多频率残差校正的 PC/INS 无缝组合定向模型

PC 航向角作为模型输出向量。(2)在预测阶段，当 PC 受遮挡等影响短暂不可用时，利用训练好的 LSTM 神经网络预测 PC 航向角（$\overline{\phi}_P$），再通过 CKF-MRC 滤波器与 INS 输出的航向角数据（$\tilde{\phi}_{INS}$）进行融合后直接输出航向角数据（φ）。通过上述两个阶段，最终有效提高了整个 PC/INS 无缝组合定向系统的输出频率、定向精度与健壮性。

5.3 基于自学习多频率残差校正的仿生偏振光罗盘/惯导无缝组合定向方法

当 PC/INS 无缝组合定向系统中所有子系统均正常工作时，在 CKF-MRC 融合算法中，PC 输出数据（$\tilde{\phi}_{\mathrm{P}}$）被视为观测量，INS 输出数据（$\tilde{\phi}_{\mathrm{INS}}$）是状态量。在$\tilde{\phi}_{\mathrm{P}}$与$\tilde{\phi}_{\mathrm{INS}}$通过滤波器进行信息融合的过程中，PC 输出的航向角信息在该滤波回路外显示，INS 输出的航向角信息作为该滤波估计的输入，被包含在滤波循环中。因此，本书设计的基于 CKF-MRC 融合算法的滤波结构是一个非线性状态模型和一个线性测量模型的组合，最终形成了一个非线性滤波结构，其离散状态模型可以表示为：

$$\boldsymbol{x}_t = f\left(\boldsymbol{x}_{t-1}, \boldsymbol{u}_{t-1}\right) + w_{t-1} \tag{5.1}$$

$$\boldsymbol{y}_t = h\left(\boldsymbol{x}_t\right) + v_t \tag{5.2}$$

其中，$\boldsymbol{x}_t$和$\boldsymbol{x}_{t-1}$分别代表 PC/INS 无缝组合定向系统时间t和$t-1$时的状态向量，$\boldsymbol{u}_{t-1}$代表该系统滤波器时间$t-1$时的输入向量，$\boldsymbol{y}_t$代表该系统时间t时的测量向量，w_{t-1}和v_t分别代表时间$t-1$和t时的状态过程和观测过程噪声。

融合不同频率数据流的最简单方法称为单频率卡尔曼滤波器，如单频容积卡尔曼滤波器（Cubature Kalman Filter-Single Frequency，CKF-SR）[123]，基于 CKF-SR 融合算法的 PC/INS 组合定向系统结构示意图如图 5.4 所示。T_{PC} 和 T_{INS} 分别表示 PC 和 INS 采样时间间隔。从图 5.4 中可以看出，当 PC 输出数据样本与 INS 输出数据样本重合时，使用 CKF 融合两个样本流数据后最终输出航向角数据，也就是说，只有当 PC 输出数据和 INS 输出数据同时存在时，CKF-SR 才可用。然而，在 PC 采样间隔内，INS 输出航向角数据未经过任何处理直接被丢弃，这不仅导致整个组合定向系统精度降低，而且该系统数据输出频率等于最低的 PC 数据输出频率，整个系统实时性随之降低。

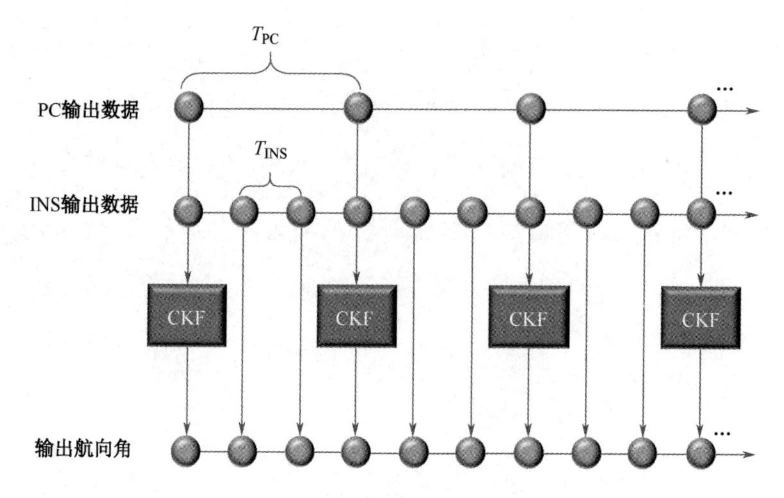

图 5.4　基于 CKF-SR 融合算法的 PC/INS 组合定向系统结构示意图

为了充分利用高频 INS 航向角输出数据，保证整个 PC/INS 组合定向系统的实时性，本书在 SR 结构基础上实现了一种全新的多频率容积卡尔曼滤波器（Cubature Kalman Filter-Mutti-frequency，CKF-MR）。该滤波过程可分为两个独立的子过程：时间更新和观测更新。当 PC 输出数据样本和 INS 输出数据样本重合时，将执行完整的滤波过程；当 PC 采样间隔内只有 INS 输出数据样本时，执行时间更新过程，并将这些 INS 输出数据样本作为航向角测量值。本书所提出的基于 CKF-MR 融合算法的 PC/INS 组合定向系统结构示意图如图 5.5 所示。

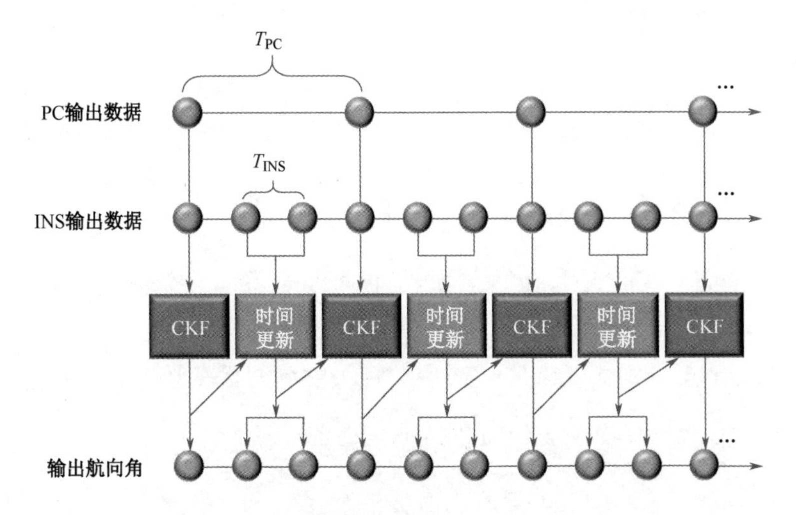

图 5.5　基于 CKF-MR 融合算法的 PC/INS 组合定向系统结构示意图

虽然基于 CKF-MR 融合算法的 PC/INS 组合定向系统航向角输出频率与两个子系统输出数据流中频率最高的 INS 输出数据频率相同，但是，在复杂环境条件下，PC 被影响短暂不可用时，如果没有针对该滤波状态对 PC 进行补偿，CKF-MR 融合精度和收敛速度会受到极大影响。为此，本书在不影响整个 PC/INS 组合定向系统高频数据输出的同时，为提高系统定向精度提出了一种多频率残差校正容积卡尔曼滤波器（CKF-MRC）融合算法的组合定向方法。基于 CKF-MRC 融合算法的 PC/INS 组合定向系统结构示意图如图 5.6 所示。

该系统在 t 时刻状态估计误差 e_t 和残余误差 ξ_t 计算如下：

$$e_t = x_t - \hat{x}_t \tag{5.3}$$

$$\xi_t = y_t - H_t \hat{x}_{t|t-1} \tag{5.4}$$

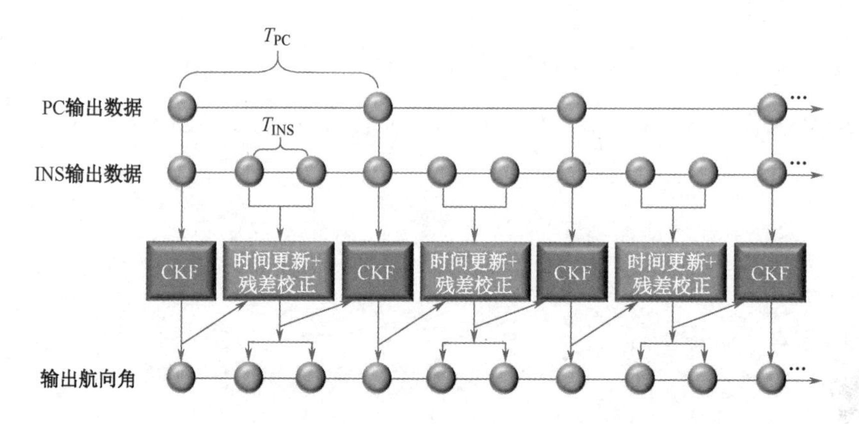

图 5.6 基于 CKF-MRC 融合算法的 PC/INS 组合定向系统结构示意图

其中，x_t 和 $\hat{x}_t$ 分别代表该组合定向系统在 t 时刻的状态值和系统状态的最优估计值。使用式（5.3），式（5.4）的残余误差 ξ_t 的计算公式可改写为：

$$\begin{aligned}\xi_t &= y_t - \boldsymbol{H}_t\hat{x}_{t|t-1} \\ &= \boldsymbol{H}_t x_t - \boldsymbol{H}_t\hat{x}_{t|t-1} \\ &= \boldsymbol{H}_t\boldsymbol{\psi}_{t-1}x_{t-1} - \boldsymbol{H}_t\boldsymbol{\psi}_{t-1}\hat{x}_{t-1} \\ &= \boldsymbol{H}_t\boldsymbol{\psi}_{t-1}e_{t-1}\end{aligned} \tag{5.5}$$

其中，y_t 代表该组合定向系统在 t 时刻的测量值，$\boldsymbol{\psi}_{t-1}$ 代表该系统前一时刻 $t-1$ 时的状态转移矩阵。通过式（5.5），该组合定向系统在 t 时刻的残余误差 ξ_t 可由前一时刻 $t-1$ 的状态估计误差 e_{t-1} 获得，即残余误差 ξ_t 是状态估计误差 e_{t-1} 的函数 $\xi_t = f(e_{t-1})$。反之，该系统在时间 t 时状态估计误差 e_t 可由残余误差 ξ_t 表示，$e_t = g(\xi_t)$：

$$\begin{aligned}e_t &= x_t - \hat{x}_t \\ &= x_t - \hat{x}_{t|t-1} - k_t\left(y_t - \boldsymbol{H}_t\hat{x}_{t|t-1}\right) \\ &= x_t - \hat{x}_{t|t-1} - k_t\xi_t \\ &= \left(\boldsymbol{H}_t^{\mathrm{T}}\boldsymbol{H}_t\right)^{-1}\boldsymbol{H}_t^{\mathrm{T}}\xi_t - k_t\xi_t \\ &= \left(\left(\boldsymbol{H}_t^{\mathrm{T}}\boldsymbol{H}_t\right)^{-1}\boldsymbol{H}_t^{\mathrm{T}} - k_t\right)\xi_t\end{aligned} \tag{5.6}$$

其中， $\xi_t \approx \boldsymbol{H}_t\left(x_t-\hat{x}_{t|t-1}\right)$ ， $\left(\boldsymbol{H}_t^{\mathrm{T}}\boldsymbol{H}_t\right)^{-1}\boldsymbol{H}_t^{\mathrm{T}}\xi_t=\left(\boldsymbol{H}_t^{\mathrm{T}}\boldsymbol{H}_t\right)^{-1}\boldsymbol{H}_t^{\mathrm{T}}\boldsymbol{H}_t\left(x_t-\hat{x}_{t|t-1}\right)$ ， $x_t-\hat{x}_{t|t-1}=\left(\boldsymbol{H}_t^{\mathrm{T}}\boldsymbol{H}_t\right)^{-1}\boldsymbol{H}_t^{\mathrm{T}}\xi_t$ 。式（5.7）中 R 代表近似为零的观测噪声，矩阵 $\boldsymbol{H}$ 被认为不可逆。因此，在 t 时刻状态估计误差 e_t 自传播形式可以表示为：

$$\begin{aligned}
e_t &= x_t-\hat{x}_t \\
&= x_t-\hat{x}_{t|t-1}-k_t\left(y_t-\boldsymbol{H}_t\hat{x}_{t|t-1}\right) \\
&= \left(x_t-\hat{x}_{t|t-1}\right)-k_t\left(\boldsymbol{H}_t x_{t|t-1}+R_t-\boldsymbol{H}_t\hat{x}_{t|t-1}\right) \\
&= \left(I-k_t\boldsymbol{H}_t\right)\left(x_t-\hat{x}_{t|t-1}\right)-k_tR_t \\
&= \left(I-k_t\boldsymbol{H}_t\right)\boldsymbol{\psi}_{t-1}e_{t-1}-k_tR_t,
\end{aligned} \tag{5.7}$$

当 PC 输出数据和 INS 输出数据样本重合时，在 t 时刻状态估计误差 e_t 和残余误差 ξ_t 分别由方程（5.6）和方程（5.4）求出。当只有 INS 输出数据样本可用时，在 t 时刻状态估计误差 e_t 利用式（5.7）通过 PC 采样间隔求出。在 PC 采样间隔内，协方差矩阵满足 $R_t\to\infty$ 且 $k_t\to 0$ ，其乘积可以省略。因此，只有时间更新子过程中的滤波器参数是相关的，式（5.7）可近似为：

$$e_t \approx \boldsymbol{\psi}_{t-1}e_{t-1} \tag{5.8}$$

在传统 CKF 算法中，在 t 时刻最优状态估计是 $\hat{x}_t=\hat{x}_{t|t-1}+k_t\xi_t$ 。由此可以看出，对于 PC 采样间隔内，该滤波器增益理论上非常小。因此，为有效提高传统 CKF 算法中滤波器增益，状态估计调整为:

$$\hat{x}_t=\hat{x}_{t|t-1}+\boldsymbol{\kappa}_t\hat{\xi}_t \tag{5.9}$$

其中， $\hat{\xi}_t$ 是时间 t 估计的残余误差。 $\boldsymbol{\kappa}_t=\mathrm{diag}\left(\left[\kappa_{1,t},\kappa_{2,t},\cdots,\kappa_{n,t}\right]\right)$ 用于替代传统 CKF 融合算法中滤波器增益的参数矩阵，并用于确定滤波器带宽和响应速度。为了获得更高精度的融合效果， $\boldsymbol{\kappa}_t$ 中参数是可根据经验设置的。

综上所述，当 PC/INS 组合定向系统中所有子系统均可用时，本书提出的基于 CKF-MRC 融合算法的 PC/INS 组合定向系统，使用完整的 CKF-MRC 融合算法有效融合 PC 输出数据 $\tilde{\phi}_{\mathrm{P}}$ 和 INS 输出数据 $\tilde{\phi}_{\mathrm{INS}}$，同时为状态估计误差和残余误差的后续周期更新做好准备。当 PC 输出数据不可用时，利用式（5.8）计算状态估计误差 e_t，利用式（5.5）计算残余误差 ξ_t，利用式（5.9）更新状态估计。整个基于 CKF-MRC 融合算法的 PC/INS 组合定向算法过程如表 5.1 所示。

表 5.1　基于 CKF-MRC 融合算法的 PC/INS 组合定向算法

算法：多频率残差校正数据融合算法
➢ 判断：仿生偏振光罗盘数据 $\tilde{\phi}_{\mathrm{P}}$ 是否可用
■ 可用：
● 使用式（5.6）更新状态估计误差
● 使用式（5.4）更新残余误差
● 使用完整的 CKF 数据融合算法
■ 不可用：
● 使用式（5.8）更新状态估计误差
● 使用式（5.5）更新残余误差
● 使用式（5.9）估计状态变量

当 PC/INS 组合定向系统中 PC 在复杂环境条件下被遮挡导致不可用时，考虑到 PC 输出数据与 INS 输出数据和时间之间也具有高度复杂的非线性关系，因此可利用神经网络建立 INS 不随时间累积误差的 z 轴角速度、时间信息和 PC 输出航向角数据之间的映射模型。同时，在选择神经网络时，需要考虑处理时间信息，所以使用与时间相关的且对历史信息能够根据系统状态进行适当取舍的 LSTM 自学习神经网络。对 LSTM 神经网络进行训练并对 PC 输出航向角数据进行预测后，再与 INS 输出的航向角数据通过 CKF-MRC 算法有效融合，最终作为整个组合定向系统输出的航向角数据，进而实现无缝定向。LSTM 自学习神经网络具体工作

原理在第4章已做过详细描述，在此不再赘述。在LSTM训练过程中，本书使用INS的z轴角频率（ω_z）和时间（t）作为模型输入向量，PC航向角（$\bar{\phi}_P$）作为模型输出向量，再通过CKF-MRC算法与INS输出的航向角数据（$\tilde{\phi}_{INS}$）融合后得到系统最终输出的航向角（φ）。

本书通过无人机机载试验获取训练数据集，并在离线状态下对LSTM进行预训练，以确保PC在数据中断状态下准确预测航向信息。试验中，PC采样频率约为5Hz，INS采样频率为100Hz，这与CKF-MRC融合算法的时间更新频率一致。因此，在30 min的训练集采集试验中，总共使用9000个有效数据集来训练LSTM。无人机定向范围为0~360°，每次航向变化对应一组INS的z轴角速度（ω_z）数据和采用高精度基准采集的时间（t）数据。在信息收集和存储后，LSTM在离线状态下构建基于INS的z轴角速度、时间信息和PC的航向角之间的复杂非线性映射关系。当系统判断PC不可用时，将时间信息（t）和INS的z轴角速度（ω_z）输入已训练好的LSTM，预测PC航向角（$\bar{\phi}_P$），然后继续与INS输出的航向角数据进行CKF-MRC融合，进而实现无缝组合定向，最终提升整个PC/INS组合定向系统的健壮性和定向精度。

5.4 仿生偏振光罗盘/惯导无缝组合定向方法试验验证

为了验证本书提出的基于自学习多频率残差校正的容积卡尔曼滤波（CKF-MRC）融合算法的 PC/INS 无缝组合定向方法与系统在各种环境条件下的性能，在中北大学校园进行了无人机机载定向试验。无人机机载定向试验装置与 4.3 节无人机机载试验装置相同，INS 采样频率设置为 100 Hz，PC 数据输出频率约为 5 Hz，但由于受光照环境影响，在 4～6 Hz 范围内波动。采用计时器生成的绝对时间刻度校准 PC 和 INS 输出数据样本，安装误差由经纬仪校准，试验中模型预测已根据 5.2 节中的方法完成离线训练。

选择晴天条件开展 PC/INS 组合定向系统中 PC 数据可用情况下的无人机机载试验，完成一轮晴天天气试验大约需要 10 min，无人机飞行轨迹和试验结果如图 5.7 和图 5.8 所示。

将本书提出的 CKF-MRC 融合算法的结果与传统的单频率扩展卡尔曼滤波器（EKF-SR）、基于多频率扩展卡尔曼滤波器（EKF-MR）、基于多频率残差校正的扩展卡尔曼滤波器（EKF-MRC）、传统的单频率容积卡尔曼滤波器（CKF-SR）、基于多频率容积卡尔曼滤波器（CKF-MR）融合结果进行对比，其结果如表 5.2 所示。

图 5.7　晴天条件下无人机机载试验无人机飞行轨迹

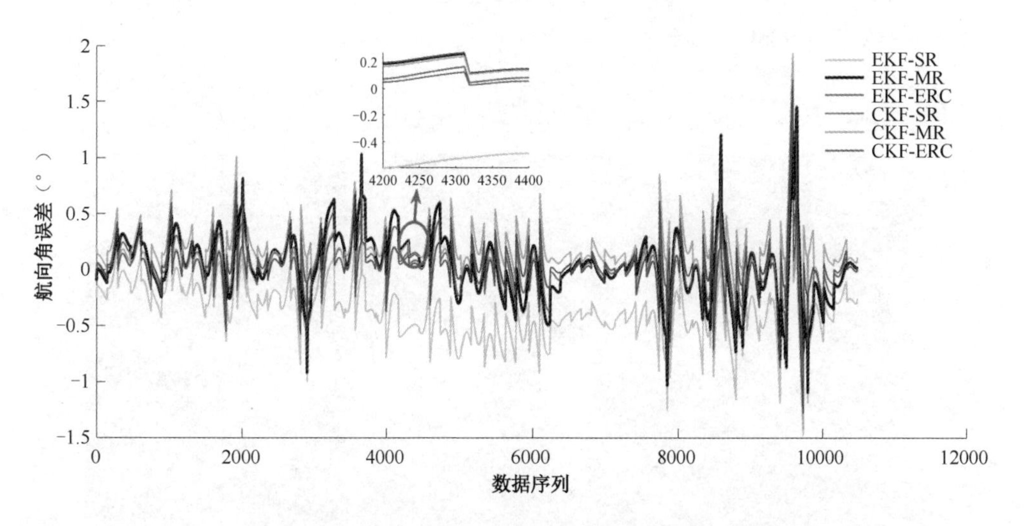

图 5.8　晴天条件下不同数据融合算法航向角误差对比

表 5.2　晴天条件下不同数据融合算法航向角误差指标对比

指标	EKF-SR	EKF-MR	EKF-MRC	CKF-SR	CKF-MR	CKF-MRC
Variance (°)	0.098	0.078	0.051	0.083	0.055	0.043
RMSE (°)	0.31	0.28	0.23	0.289	0.23	0.21
UA (°)	0.0054	0.0061	0.0075	0.0059	0.0074	0.0066

从图 5.8 和表 5.2 可以看出，EKF-SR 融合算法因缺乏非线性拟合能力而表现出较差的性能，采用本书提出的 CKF-MRC 算法对 PC 输出航向角数据和 INS 输出航向角数据进行融合后，整个 PC/INS 无缝组合定向系统精度为 0.21°（RMSE），与其他经典数据融合算法相比，定向精度得到了显著提升。此外，本次试验中 PC 输出数据长度为 500，经 CKF-MRC 融合算法所得的整个 PC/INS 无缝组合定向系统最终输出数据长度为 10221，与纯 PC 定向系统相比，该系统的输出数据频率明显提高。

选择多云条件，PC/INS 无缝组合定向系统的 PC 被遮挡导致短暂不可用时再次进行了无人机机载试验。由于太阳被遮挡的时间有限，试验仅持续了 3 min，无人机飞行轨迹和未经 LSTM 神经网络补偿的 PC/INS 无缝组合定向系统输出航向数据分别如图 5.9 和图 5.10 所示。

图 5.9　多云条件下无人机机载试验无人机飞行轨迹

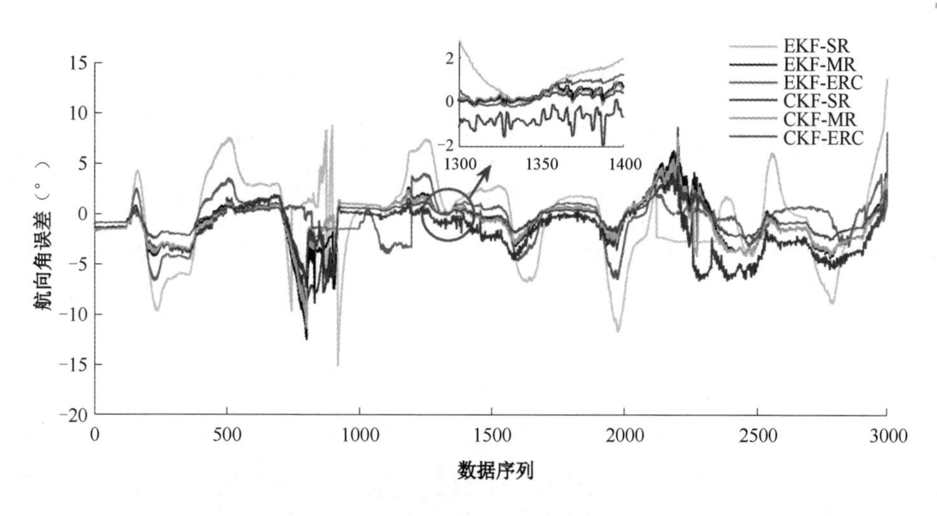

图 5.10 多云条件下不同数据融合算法航向角误差对比

在多云条件下，将本书提出的 CKF-MRC 融合算法与五种经典数据融合算法，利用相同飞行试验数据集进行验证对比，其结果见表 5.3。与晴天条件相比，尽管由于云层覆盖，PC 输出航向角数据性能下降，导致整个组合系统定向精度降低，但通过本书提出的基于 CKF-MRC 数据融合算法处理后，整个 PC/INS 无缝组合定向系统精度为 1.48°（RMSE），与其他传统滤波算法相比，精度提高了 64%，具有明显优势。本次试验中，PC 输出航向角数据长度为 150，而经 CKF-MRC 算法进行数据融合后，PC/INS 无缝组合定向系统最终输出数据长度为 3000，进一步验证了本书所提出的 CKF-MRC 数据融合算法的有效性和实用性。

表 5.3 多云条件下不同数据融合算法航向角误差指标对比

指标	EKF-SR	EKF-MR	EKF-MRC	CKF-SR	CKF-MR	CKF-MRC
Variance(°)	17.306	4.973	4.494	6.003	4.244	2.190
RMSE(°)	4.16	2.23	2.12	2.45	2.06	1.48
UA(°)	0.0269	0.0376	0.0447	0.0387	0.0425	0.0759

此外，通过笔记本电脑（Laptop—1D4F19FJ）和服务器（Server—5K0HAG3）

将本书所提出的CKF-MRC融合算法与其他五种经典数据融合算法，对10221个INS输出的航向角数据和500个PC输出的航向角数据处理时间进行比较。其中Laptop配备了一个Inter（R）Core（TM）i7-8550U CPU处理器和8 GB已安装内存，Server配置了一个Inter（R）Core（TM）i9-9980XE CPU处理器和256 GB已安装内存，处理时间对比结果见表5.4。利用本书提出的CKF-MRC融合算法通过Laptop和Server运行航向角数据的时间分别为2.884s和1.782s，距离EKF-MR的最短处理时间仅差0.025s和0.093s，但是整个PC/INS无缝组合定向系统的精度得到了显著提升。从上述整体试验结果可以看出，本书提出的基于CKF-MRC融合算法的PC/INS无缝组合定向系统具有最佳定向精度、最高数据输出频率和较好数据运行效率的优势。

表5.4 不同数据融合算法计算时间指标对比

		EKF-SR	EKF-MR	EKF-MRC	CKF-SR	CKF-MR	CKF-MRC
所用时间（s）	Laptop	3.025	2.862	2.859	2.889	2.957	2.884
	Server	2.090	1.796	1.743	1.778	1.781	1.782

将本书提出的基于CKF-MRC融合算法的LSTM自学习神经网络与其他经典神经网络算法（如BPNN、Elman神经网络），利用相同试验数据集进行航向预测性能对比，模型以INS陀螺仪z轴角速度（ω_z）和时间信息（t）作为LSTM预测模型的输入向量，PC航向角（$\overline{\phi}_\mathrm{P}$）作为LSTM输出向量，其预测结果如图5.11和表5.5所示。

从图5.11和表5.5可以看出，当PC受遮挡等影响导致短暂不可用时，与BPNN和Elman神经网络相比，LSTM自学习神经网络获得了更小的航向角误差，即更高的PC航向角预测精度。此外，从表5.5和图5.11可以看出，尽管BPNN和Elman神经网络预测性能与LSTM相比较差，但仍优于纯惯导，后者的定向精度随着时间漂移而不断增大。

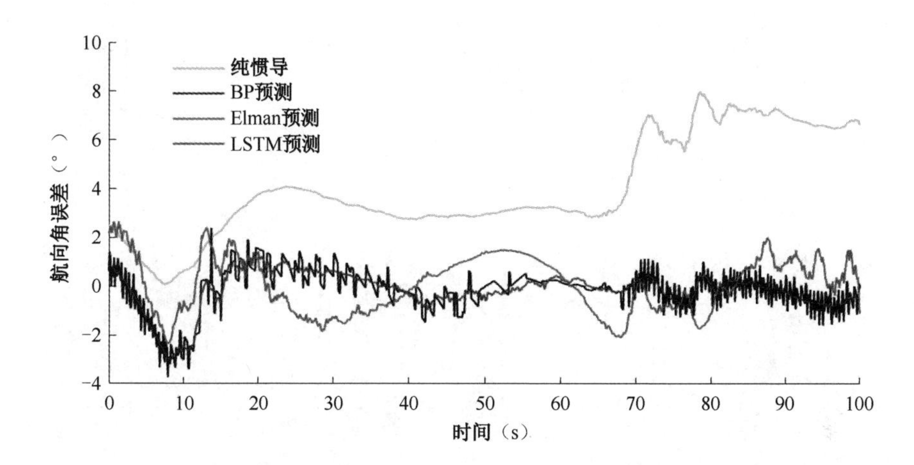

图 5.11　在 PC 数据不可用时利用不同神经网络预测航向角误差对比

表 5.5　在 PC 数据不可用时利用不同神经网络预测航向角误差指标对比

指标	纯惯导	BPNN	Elman	LSTM
Variance (°)	4.56	2.54	1.63	0.93
RMSE (°)	2.14	1.59	1.28	0.97
UA (°)	0.025	0.036	0.028	0.064

此外，通过 LSTM 自学习神经网络对 PC 输出的航向角进行预测后，将预测值输入本书提出的 CKF-MRC 融合算法中，并与其他五种经典的数据融合算法进行比较，得到航向角误差比较结果如图 5.12 和表 5.6 所示。

从图 5.12 和表 5.6 可以看出，EKF-SR 及其改进融合算法与相应的 CKF-SR 融合算法相比，由于不具备足够的非线性数据融合能力，因此性能较差。与其他五种经典数据融合算法相比，本书提出的 CKF-MRC 融合算法在处理非线性数据融合方面性能最佳。同时，当 PC 受遮挡等影响短暂不可用时，经 LSTM 自学习神经网络预测后，整个 PC/INS 无缝组合定向系统不仅能够保持较高的定向精度，还可有效提升 PC/INS 组合定向系统的健壮性。

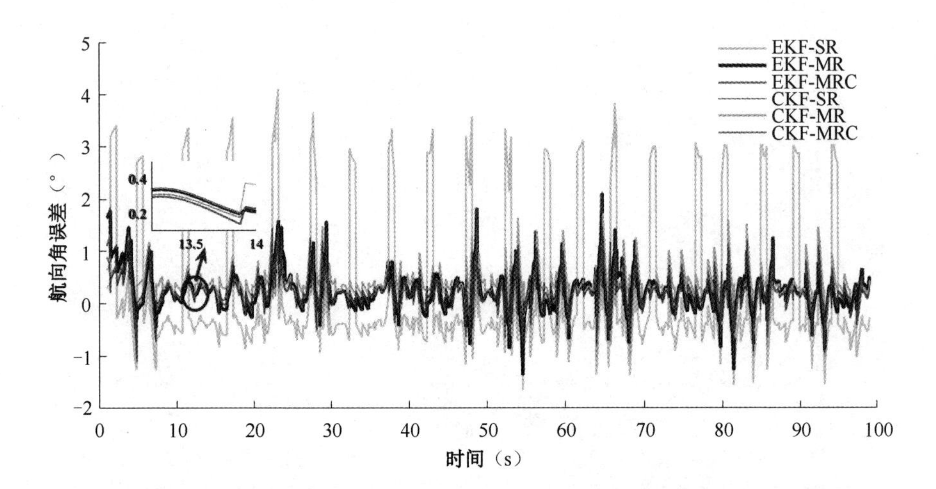

图 5.12　在 PC 数据不可用时 LSTM 补偿后不同数据融合算法航向角误差对比

表 5.6　在 PC 数据不可用时 LSTM 补偿后不同数据融合算法航向角误差指标对比

指标	EKF-SR	EKF-MR	EKF-MRC	CKF-SR	CKF-MR	CKF-MRC
Variance (°)	1.29	0.37	0.30	0.37	0.33	0.28
RMSE (°)	1.14	0.60	0.55	0.61	0.57	0.53
UA (°)	0.0057	0.0066	0.0075	0.0061	0.0074	0.0260

5.5 本章小结

本章面向仿生偏振光罗盘（PC）和惯性导航系统（INS）通过容积卡尔曼滤波器（CKF）融合为PC/INS无缝组合定向系统，针对整个系统输出频率不一致，以及PC在复杂环境下受遮挡等影响短暂不可用时，导致整个组合系统定向精度降低的问题，重点开展了基于自学习多频率残差校正的容积卡尔曼滤波（CKF-MRC）的PC/INS无缝组合定向方法研究。通过该方法不但有效提高了该组合定向系统的输出频率，而且在复杂环境条件下，组合系统的定向精度和健壮性也得到了有效提升。

首先，基于组合定向原理，将仿生偏振光罗盘（PC）和惯性导航系统（INS）通过容积卡尔曼滤波器（CKF）构建了PC/INS无缝组合定向模型。

其次，当PC正常工作时，针对PC/INS组合定向系统中各子系统数据输出频率不一致及整个定向系统精度有待提高的问题，提出一种基于多频率残差校正的容积卡尔曼滤波（CKF-MRC）数据融合算法。当PC在复杂环境条件下受遮挡等影响短暂不可用时，针对整个PC/INS组合定向系统提出一种基于长短期记忆神经网络（LSTM）的自学习无缝组合定向方法。

最后，面向本书所提出的基于自学习多频率残差校正的容积卡尔曼滤波

（CKF-MRC）融合的 PC/INS 无缝组合定向方法，开展了各种天气条件下的无人机机载试验。试验结果表明：本书提出的自学习多频率残差校正的容积卡尔曼滤波（CKF-MRC）融合的 PC/INS 无缝组合定向方法，使得整个组合定向系统的输出频率、精度和健壮性均得到有效提升。

第6章

总结与展望

6.1 仿生偏振光罗盘智能信息处理技术总结

本书以无人机在卫星信号拒止、惯性导航系统单独工作误差易随时间积累等情况下所面临的自主定向误差处理问题为研究对象，详细介绍了仿生偏振光定向的基本理论与国内外研究现状，仿生偏振光罗盘误差处理方法及仿生偏振光罗盘/惯导无缝组合定向方法与系统等具体问题。通过试验验证了本书所提出的仿生偏振光罗盘/惯导组合定向误差处理方法的有效性和实用性。主要研究成果和结论总结如下。

（1）提出了一种基于多尺度变换（MST）的仿生偏振光罗盘去噪方法。首先，探讨了仿生偏振光罗盘不同类型噪声产生机理，并对其噪声特性进行分析；其次，针对偏振角图像噪声，结合二维经验模态分解（BEMD）法及本研究对象特征信息，提出一种基于多尺度变换的主成分分析（MS-PCA）偏振角图像去噪方法；最后，在利用去噪后的偏振角图像进行航向角解算的基础上，针对罗盘电路引入的航向角数据噪声，结合集合经验模态分解（EEMD）法提出一种基于多尺度变换的时频峰值滤波（MS-TFPF）航向角数据去噪方法。试验结果表明：经MS-PCA偏振角图像去噪和MS-TFPF航向角数据去噪后，仿生偏振光罗盘的定向精度得到显著提高（静态定向误差指标RMSE为0.0735°，转台定向误差指标RMSE为1.2365°，无人机机载定向误差指标RMSE为0.3116°）。

（2）提出了一种基于 GRU 深度学习神经网络的仿生偏振光罗盘定向误差建

模与补偿方法。首先对载体姿态角（包括 A-SMBA、俯仰角和滚转角）变化对仿生偏振光罗盘定向误差的影响因素进行综合分析，然后结合深度学习神经网络前沿成果，针对上述误差提出了一种基于 GRU 深度学习神经网络的仿生偏振光罗盘定向误差建模与补偿方法。试验结果表明：本书提出的建模与补偿方法能够有效建立载体姿态角变化与仿生偏振光罗盘定向误差之间的高度复杂非线性映射关系，最终可有效提高仿生偏振光罗盘在载体实际应用过程中的定向精度（仿生偏振光罗盘转台定向误差指标 RMSE 为 0.4560°，无人机机载定向误差指标 RMSE 为 0.5218°）。

（3）提出了一种基于自学习多频率残差校正（CKF-MRC）的仿生偏振光罗盘／惯导（PC/INS）无缝组合定向方法。首先，对仿生偏振光罗盘（PC）和惯性导航系统（INS）通过容积卡尔曼滤波器（CKF）构建组合定向模型；其次，在 PC 正常工作的情况下，针对 PC/INS 组合定向系统中各子系统数据输出频率不一致，以及整个定向系统精度有待提高的问题，提出一种基于多频率残差校正的容积卡尔曼滤波（CKF-MRC）数据融合算法；最后，当 PC 受遮挡等影响导致短暂不可用时，提出一种基于长短期记忆神经网络（LSTM）的自学习无缝组合定向方法。试验结果表明：本书提出的基于自学习多频率残差校正的容积卡尔曼滤波（CKF-MRC）数据融合算法的无缝组合定向方法，不但在 PC 不受影响时可有效提高整个 PC/INS 组合定向系统数据输出频率（100Hz）和定向精度（RMSE 为 0.21°），而且当 PC 受遮挡等影响导致短暂不可用时，该无缝组合定向系统仍能保持较高的定向精度（RMSE 为 0.53°），而且整个组合定向系统的健壮性也得以有效提升。

研究展望

本书针对仿生偏振光罗盘定向误差处理方法及仿生偏振光罗盘/惯导无缝组合定向方法与系统等相关内容进行了初步探索和研究，取得了阶段性研究成果。但还有一些问题有待深入研究，主要包括以下几个方面。

（1）本书在进行仿生偏振光罗盘集成过程中，将高深宽比像素级亚波长金属偏振光栅和感光芯片直接安装在一起，在此过程中很难保证偏振光栅像素与感光芯片像素对准。下一步将探索片上集成亚波长金属纳米光栅阵列制备方法，从工艺上解决对准问题，同时研究偏振光罗盘的集成误差校准方法。

（2）本书在进行仿生偏振光罗盘定向误差处理和 PC/INS 数据融合时，所采用的各种算法均较复杂，只能在上位机实现。随着人工智能芯片的发展，未来将开展基于人工智能芯片的仿生偏振光罗盘研究工作，以实现复杂算法移植，从系统角度真正提高 PC/INS 的实时定向精度，并利用数字信号处理（DSP）技术设计计算复杂度较低的新融合算法。

参考文献

[1] Horváth G, Varjú D. Skylight Polarization[J]. Springer, 1669, 1(7):18-22.

[2] Arago F. Astronomie populaire[M]. Gide et J. Baudry, 1854.

[3] Strutt J B C. On the light from the sky, its polarization and color[J]. Phil. Mag, 1871, 61:107-279.

[4] Mie G. Beitrage zur Optik truber Medien[J]. Speziell kolloidaler Metallosungen Annalen der Physik, 1908, 25(3):377-445.

[5] Wehner R. Himmels navigation bei Insekten[J]. Neurophysiologie, 1982, 1(184): 132.

[6] Stolker T, Min M, Stam DM, et al. Polarized scattered light from self-luminous exoplanets Three-dimensional scattering radiative transfer with ARTES[J]. Astronomy & Astrophysics, 2017, 607:42.

[7] Choi M, Sander S P, et al. Aerosol profiling using radiometric and polarimetric spectral measurements in the O-2 near infrared bands: Estimation of information content and measurement uncertainties[J]. Remote sensing of environment, 2021, 253:112-179.

[8] 高隽，纪松，谢昭，等. 微观瑞利散射下的大气偏振建模仿真[J]. 系统仿真学报，2011, 24(3):677-684.

[9] 赵开春，卢皓，尤政. 天空光偏振模式自动探测装置[J]. 光学精密工程，2013，21(2):239-244.

[10] 崔岩，高启升，褚金奎，等. 太阳光与月光对曙暮光偏振模式的影响[J]. 光学精密工程，2013, 21(1):34-39.

[11] 张忠顺. 全斯托克斯矢量大气偏振模式测量系统设计与实现[D]. 合肥：合肥工业大学，2014.

[12] 王子谦，范之国，张旭东，等. 基于瑞利散射的大气偏振模式 Stokes 矢量建模仿真[J]. 计算机应用与软件，2015, 32(7):47-50.

[13] 王晨光，唐军，杨江涛，等. 基于瑞利散射的大气偏振模式检测与模型重建[J]. 中北大学学报，2015, 36(5):570-575.

[14] 范之国，徐超，吴川，等. 大气偏振模式特征及其在自主导航中的应用[J]. 现代防御技术，2017, 45(3):1–7.

[15] 王大千，高隽，宋燕，等. 倾斜姿态下的大气偏振模式建模方法研究[J]. 仪器仪表学报，2018, 39(5):73-80.

[16] Si Yidan, Lu Qifeng, Zhang XingYing, et al. A review of advances in the retrieval of aerosol properties by remote sensing multi-angle technology[J]. Atmospheric environment, 2021, 244(1):117928.1-17928.22.

[17] Rossel S, Wehner R. The bee's map of the e-vector pattern in the sky[J]. Proceedings of the National Academy of Sciences of the United States of America, 1982, 79(14):4451-4455.

[18] Wehner R. Neurobiology of polarization vision[J]. Trends in neurosciences, 1989, 12 (9):353–359.

[19] Labhart T, Petzold J, Helbling H. Spatial integration in polarization-sensitive interneurones of crickets: A survey of evidence, mechanisms and benefits[J]. Journal of experimental biology, 2001, 204(14):2423-2430.

[20] Trager U, Homberg U. Polarization-sensitive descending neurons in the locust: connecting the brain to thoracic ganglia[J]. Journal of the society neuroscience, 2011, 31(6):2238–2247.

[21] Temple S E, McGregor J E, et al. Perceiving polarization with the naked eye: characterization of human polarization sensitivity[J]. Proceedings of the royal society bbiological sciences, 2015, 25(4): E67-E68.

[22] Mathejczyk T F, Wernet M F. Heading choices of flying Drosophila under changing angles of polarized light[J]. Scientific reports, 2019, 9(16773).

[23] Patel R N, Cronin T W. Mantis shrimp navigate home using celestial and idiothetic path integration[J]. Current biology, 2020, 30(11):1981-1987.

[24] Dacke M, Baird E, et al. How dung beetles steer straight[J]. Annual review of entomology, 2021, 66: 243-256.

[25] Blake A J, Couture S, Go M C, et al. Approach trajectory and solar position affect host plant attractiveness to the small white butterfly[J]. Vision research, 2021, 186:140–149.

[26] Zhao K, Chu J, Wang T, et al. A novel angle algorithm of polarization sensor for navigation[J]. IEEE transactions on instrumentation and measurement, 2009, 58(8):2791-2796.

[27] 支炜，褚金奎，王寅龙. 基于偏振光与 MEMS 陀螺的航向角测量系统设计[J]. 传感器与微系统，2015, 34(1):104-106.

[28] 王波，高隽，范之国，等. 基于沙蚁 POL-神经元模型的航向角处理方法[J]. 光电工程，2013, 40(10):28-34.

[29] Xian Zhiwen, Hu Xiaoping, Wang Yujie, et al. A novel angle computation and

calibration algorithm of bio-Inspired sky-light polarizaton navigation sensor[J]. Sensors, 2014(9), 14:17068–17088.

[30] 马涛，张礼廉，胡小平，等. 基于位置约束和航向约束的仿生导航方法研究[M]. 北京：国防科学技术大学，2015.

[31] 王玉杰，何晓峰，胡小平，等. 多目偏振视觉仿生导航方法研究[M]. 北京：国防科技大学，2017.

[32] 范晨，胡小平，张礼廉，等. 基于导航拓扑图的仿生导航方法研究[M]. 北京：国防科技大学，2020.

[33] Zhao Jing, Tang Jun, Zhao Donghua, et al. Place recognition with deep superpixel features for brain-inspired navigation. Review of scientific instruments, 2020, 91(12): 125110-1~125110-11.

[34] 范颖，何晓峰，范晨，等. 多云天气条件下的大气偏振光定向方法[J]. 航空学报，2020, 41(9): 276-282.

[35] 王晨光，张楠，李大林，等. 利用全天域大气偏振检测的航向角解算[J]. 光电工程，2015, 42(12):60-65.

[36] 赵成帅，吴新冬，赵东花，等. 一种基于改进太阳子午线拟合方法的仿生偏振光定向系统[J]. 导航定位与授时，2021,8(4):68-74.

[37] Gow R D, Renshaw David. Findlater K. et al. A comprehensive tool for modeling CMOS image-sensor-noise performance[J]. IEEE transactions on electron devices, 2007, 54(6):1321-1329.

[38] Mäkitalo M, Foi A. Optimal inversion of the generalized anscombe transformation for poisson-gaussian noise[J]. IEEE Transaction on image process, 2013,22(1):91-103.

[39] Rehman N, Naveed K, Ehsan S, et al. Multi-scale image de-noising based on goodness of FIT (GOF) tests[C]. Budapest:European signal processing Conference, 2016, 24:1548-1552.

[40] Naveed ur Naveed K, Ehsan S, Klacs, et al. A Multiscale Denoising framework using detection theory with application to images from CMOS/CCD sensors[J]. Sensors, 2019, 19(1):206.

[41] Klosowski M, Sun yichuang. Fixed pattern noise reduction and linearity improvement in time-mode CMOS image Sensors[J]. Sensors, 2020, 20(20): 1-15.

[42] Balasubramanian P, Nayar R, Maskell D L. Approximate array multipliers[J]. Electronics, 2021, 10(5):1-20.

[43] 李轩. COMS 图像传感器噪声抑制研究[D]. 天津：天津大学，2010.

[44] 张嘉伟，刘晓晨，赵东花，等. 单幅图像去雾的多步融合自适应特征注意网络[J]. 测试技术学报，2022, 36(4): 347-352.

[45] 毛成林. COMS 图像传感器主要噪声测试技术研究[D]. 哈尔滨：哈尔滨工程大学，2017.

[46] 陈建新. 基于随机共振理论的 CMOS 图像传感器信号依赖噪声抑制方法[D]. 杭州：杭州电子科技大学，2019.

[47] Peng Yahui, Liu Xiaochen, Shen Chong, et al. An improved optical flow algorithm based on mask-R-CNN and K-means for velocity calculation[J]. Applied sciences-basel, 2019, 9(14):2808.

[48] Han ZH, Li L, et al. Denoising and motion artifact removal using deformable kernel prediction neural network for color-Intensified CMOS[J]. Sensors, 2021,

21(11).

[49] Huang S C, Hoang Q V, Le T H, et al. An advanced noise reduction and edge enhancement algorithm[J]. Sensors. 2021, 21(16):5391.

[50] Xian Zhiwen, Wang Yujie, Hu xiaoping, et al. A novel angle computation and calibration algorithm of bio-inspired sky light polarization navigation sensor[J]. Sensors, 2014, 14(9): 17068-17088.

[51] 闫宝龙，赵东花，刘晓杰，等. 基于模糊核均值聚类优化的光流测速方法[J]. 导航定位与授时，2021, 9(3):1-8.

[52] 范晨，胡小平，何晓峰，等. 天空偏振模式对仿生偏振光定向的影响及实验[J]. 光学精密工程，2015, 23(9):2429-2437.

[53] 吴川，范之国，徐超，等. 基于霍夫变换的大气偏振模式∞字形重构方法[J]. 量子电子学报，2018, 35(2):267-271.

[54] 欧雅文，武鹏飞，魏合理. 混浊大气对偏振导航影响的研究[J]. 红外与激光工程，2018, 47(3):1-10.

[55] Shen Chong, Wu Xindong, Zhao Donghua, et al. Comprehensive heading error processing technique using image denoising and Tilt-Induced error compensation for polarization compass[J]. IEEE Access, 2020, 8:187222-187231.

[56] Muheim R, Phillips J B, Akesson S. Polarized light cues underlie compass calibration in migratory songbirds[J]. Science, 2006, 313(5788):837-839.

[57] Reppert S M, Gegear R J, Merlin C. Navigational mechanisms of migrating monarch butterflies[J]. Trends in neurosciences, 2010, 33(9):399-406.

[58] Dovey K M, Kemfort J R, Towne W F. The depth of the honeybee's backup

sun-compass systems[J]. The Journal of experimental biology, 2013, 216(11):2129-2139.

[59] Muheim R, Schmaljohann H, Alerstam T. Feasibility of sun and magnetic compass mechanisms in avian long-distance migration[J]. Movement ecology, 2018, 6(8):1-15.

[60] Dupeyroux J, Viollet S, Serres J R. An ant-inspired celestial compass applied to autonomous outdoor robot navigation[J]. Robotics and autonomous systems, 2019, 117:40-55.

[61] 卢鸿谦，黄显林，尹航. 三维空间中的偏振光导航方法[J]. 光学技术，2007, 32(3):412-415.

[62] 赵菁，赵东花，王晨光，等. 基于场景识别的惯性基类脑导航方法[J]. 导航与控制，2020,19(4):119-125.

[63] 李明明. 偏振光/地磁/GPS/SINS 组合导航算法研究[D]. 哈尔滨：哈尔滨工业大学，2008.

[64] 刘佳琦. 偏振光辅助定姿在组合导航中的应用[D]. 哈尔滨：哈尔滨工业大学，2010.

[65] 芮杨. 基于固定翼无人机的偏振光信息融合算法研究[D]. 大连：大连理工大学，2014.

[66] 先治文. 基于拓扑图节点递推的自主导航方法研究[D]. 北京：国防科学技术大学，2015.

[67] 苏文杰. 仿蚁类偏振光 / 北斗 / 微惯导自主式组合导航方法研究[D]. 南京：南京理工大学，2017.

[68] Guo Xiaoyu, YangJian, Liu Wangquan, et al. An autonomous navigation system

integrated with air data and bionic polarization information[J]. Transactions of the institute of measurement and control, 2019, 41(13):3679-3687.

[69] Shen Chong, Xiong Yufeng, Zhao Donghua, et al. Multi-rate strong tracking square-root cubature Kalman filter for MEMS-INS/GPS/polarization compass integrated navigation system[J]. Mechanical systems and signal processing, 2022,163(1): 108146.

[70] 胡睿. 大气偏振中性点便携式测量方法研究[D]. 桂林：桂林电子科技大学，2020.

[71] 蒋睿，王霞，左一凡，等. 基于局部大气偏振特性的仿生导航方法[J]. 航空学报，2020, 41(S2):1-7.

[72] 王子谦，张旭东，金海红，等. 基于 Monte Carlo 方法的混浊大气偏振模式全天域建模[J].中国激光，2014, 41(10):1-9.

[73] Tang Jun, Wang Yubo, Zhao Donghua, et al. Application of polarized light compass system on solar position calculation. OPTIK. 2019, 187:135-147.

[74] 王晨光，唐军，杨江涛，等. 基于瑞利散射的大气偏振模式检测与模型重建[J]. 中北大学学报（自然科学版），2015, 36(5):570-576.

[75] 吴新冬，赵东花，俞华，等. 恶劣天气下的仿生偏振定向方法. 导航定位与授时，2022, 9(2):104-111.

[76] 李雄. 仿生偏振传感器建模与标定方法研究[D]. 北京：北方工业大学，2019.

[77] Li Shan, Zhao Donghua, Yu Hua, et al. Three-dimensional attitude determination strategy for fused polarized light and geomagnetism[J]. Applied optics, 2022, 61(3): 765-774.

[78] Gow R D, Renshaw D. Findlater K. et al. A comprehensive tool for modeling

CMOS image-sensor-noise performance[J]. IEEE transactions on electron devices.2007, 54(6):1321-1329.

[79] Zhao Donghua, Tang Jun, Wu Xindong, et al. A multiscale transform denoising method of bionic polarized light compass for improving the unmanned aerial vehicle navigation accuracy[J]. Chinese Journal Aeronautics, 2022, 3(4): 400-414.

[80] 赵成帅，吴新冬，赵东花，等. 基于 EMD-TFPF 的仿生偏振光罗盘去噪方法[J]. 导航定位与授时，2021, 8(5):38-44.

[81] Rudin L I, Osher S, Fatemi E. Nonlinear total variation based noise removal algorithms[J]. Physica D, 1992：60(1-4):259-268.

[82] Abergel R, Louchet C, Moisan L. Total variation restoration of images corrupted by poisson noise with iterated conditional expectations[J]. Springer, 2015 (7):178-190.

[83] Buades A, Coll B, Morel J M. A review of image denoising algorithms with a new one[J]. Multiscale model, 2005, 4(2):490-530.

[84] Deledalle C A, Tupin F, Denis L. Poisson NL means: unsupervised non local means for Poisson noise[J]. IEEE Int. Conf. Image Process, 2010:801-804.

[85] Yu Bin, Lou Lifeng, Li Shan, et al. Prediction of protein structural class for low-similarity sequences using Chou's pseudo amino acid composition and wavelet denoising[J]. Journal of molecular graphics & rnodeuing, 2017, 76:260-273.

[86] Maggioni M, Katkovnik V, Egiazarian K, et al. Nonlocal transform-domain filter for volumetric data denoising and reconstruction[J]. IEEE Trans. Image Process,

2013, 22(1):119-133.

[87] Huang N E, Shen Z, Long S R, et al. The empirical mode decomposition and the Hilbert spectrum for nonlinear and non-stationary time series analysis[J]. Proceedings of the Royal society of London Series A 1998, 454(1971):903-995.

[88] Perkins R, Gruev V. Signal-to-noise analysis of Stokes parameters in division of focal plane polarimeters[J]. Opt. Express, 2010, 18(25): 25815-25824.

[89] Myhre G, Hsu W L, Peinado A, et al. Liquid crystal polymer full-stokes division of focal plane polarimeter[J]. Opt. Express, 2012, 20(25): 27393-27409.

[90] Goudail F. Noise minimization and equalization for Stokes polarimeters in the presence of signal-dependent Poisson shot noise[J]. Opt. Letters, 2009, 34(5):647-649.

[91] Li X B, Li H Y, Lin Y, et al. Learning-based denoising for polarimetric images[J]. Opt. Express, 2020, 28(11):16309-16421.

[92] Abubakar A, Zhao Xiaojin, Li Shiting, et al. A Block-matching and 3-D filtering algorithm for gaussian noise in DoFP polarization images[J]. IEEE Sensors Journal, 2018, 18(18):7429-7435.

[93] Ye Wenbin, Li Shiting, Zhao Xiaojin, et al. A K times singular value decomposition based image denoising algorithm for DoFP polarization image sensors with gaussian noise[J]. IEEE Sensors Journal, 2018, 18(15):6138-6144.

[94] Abubakar A, Zhao Xiaojin, Takruri M, et al. A hybrid denoising algorithm of BM3D and KSVD for gaussian noise in DoFP polarization images[J]. IEEE Access, 2020, 8:57451-57459.

[95] Nunes J C, Bouaoune Y, Delechelle E, et al. Image analysis by bi-dimensional

empirical mode decomposition[J]. Image & Vision Computing, 2003, 21(12):1019-1025.

[96] Guo S, Luan F, Song X, et al. Self-adaptive image denoising based on bidimensional empirical mode decomposition (BEMD)[J]. Bio-medical materials and engineering, 2014, 24(6):3215-3222.

[97] Yu Min, Wang Bin, Wang Wenbo, et al. Transient power quality denoising based on EMD and PCA[J]. Information science, 2018, (18):149-157.

[98] Zhang Lei, Rastislav Lukac, Wu Xiaolin, et al. PCA-Based Spatially Adaptive Denoising of CFA Images for Single-Sensor Digital Cameras[J]. IEEE transactions on image processing, 2009, 18(4):797-812.

[99] Membe Y S, He Zhi, Li Xiaoshuai, et al. An optimization-based ensemble EMD for classification of hyperspectral images[J]. IEEE international instrumentation and measurement technology conference, 2013, 7(15):1–24.

[100] Chen Xiyuan, Cui Bingbo. Efficient modeling of fiber optic gyroscope drift using improved EEMD and extreme learning machine[J]. Signal Processing, 2016, 128:1-7.

[101] Liu Yanping, Li Yue, Lin Hongbo, et al. An amplitude-preserved time–Frequency peak Filtering based on empirical mode decomposition for seismic random noise reduction[J]. IEEE Geoscience and Remote Sensing Letters, 2014, 11(5):896-900.

[102] Liu Jun, Zhao Donghua, Wang Chenguang, et al. Attitude calculation method based on full-sky atmospheric polarization mode[J]. Review of scientific instruments, 2019, 90(1) 015009-1~01500-9.

[103] Liu NH, Yang Y, Liu Z, et al. Seismic signal de-noising using time-frequency peak filtering based on empirical wavelet transform[J]. ACTA Geophysica, 2020, 68(2):425-434.

[104] Xua M J, Shanga P J, Huang J J. Modified generalized sample entropy and surrogate data analysis for stock markets[J]. Communications in Nonlinear Science and Numerical Simulation, 2016, 35:17–24.

[105] Liu Xiaojie, Guo Xiaoting, Zhao Donghua, et al. INS/vision integrated navigation system based on a navigation cell model of the hippocampus. Applied sciences-basel, 2019, 9(2):234.

[106] Zhao Donghua, Liu Yueze, Wu Xindong, et al. Attitude-Induced error modeling and compensation with GRU networks for the polarization compass during UAV orientation[J]. Measurement, 2022, 190(110734).

[107] 肖纯鑫，陈雨. 基于循环神经网络的实时语音增强算法[J]. 计算机工程与设计，2021, 42(7):1989-1994.

[108] Sepp Hochreiter, Jürgen Schmidhuber. Long Short-Term Memory[J].Neural Computation, 1997, 9:1735-1780.

[109] Shuai Gao, Yuefei Huang, Zhang shuo, et al. Short-term runoff prediction with GRU and LSTM networks without requiring time step optimization during sample generation[J]. Journal of hydrology, 2020, 589:125188.

[110] Salinas D, Valentin F, Jan G. DeepAR: probabilistic forecasting with autoregressive recurrent networks[J]. International journal of forecasting，2017, 37(3):1303-1304.

[111] Zhao Donghua, Wu Yicheng, Wang Chenguang, et al. Gray consistency optical

flow algorithm based on Mask-R-CNN and a spatial filter for velocity calculation[J]. Applied optics. 2021,60(34): 10600-10609.

[112] Lillicrap T P. Santoro A. Backpropagation through time and the brain[J]. Current 2opinion in neurobiology, 2019, 55:82-89.

[113] Liu Yueze, Hong Yingping, Lu Zhumao, et al. An optimized pulse coupled neural network image de-noising method for a field-programmable gate array based polarization camera[J]. Review of scientific instruments, 2021, 92(11): 113703.

[114] Hochreiter S. Schmidhuber J. Long short-term memory[J]. Neural computation, 1997, 9(8):1735-80.

[115] Safa O S, Suleyman S K. Non-uniformly sampled data processing using LSTM networks[J]. IEEE transactions on neural networks and learning systems, 2019, 30(5):1452-1461.

[116] Kyunghyun C, Dzmitry B, Fethi B H S, et al. Learning phrase representations using RNN encoder–decoder for statistical machine translation[C]//. In Proceedings of the 2014 Conference on Empirical Methods in Natural Language Processing (EMNLP), Stroudsburg, PA. USA: Association for Computational Linguistics, 2014:1724-1734.

[117] 闫宝龙，赵东花，刘晓杰，等. 基于改进容积卡尔曼滤波的惯性 / 光流组合自主测速方法[J]. 导航定位与授时，2021, 9(3):15-19.

[118] Chiang K W, Tsai G J, et al. Seamless navigation and mapping using an INS/GNSS/grid-based SLAM semi-tightly coupled integration scheme[J]. Information Fusion, 2019(15):181-195.

[119] Meng Yue, Wang Wei, Han Hao, et al. A vision/radar/INS integrated guidance method for shipboard landing[J]. IEEE transaction on industrial electronics, 2019, 11(66):8803–8810.

[120] Ye W, Li J L, et al. EGP-CDKF for Performance Improvement of the SINS/GNSS Integrated System[J]. IEEE transaction on industrial electronics. 2018, 2(65):3601-3609.

[121] Zhang Hanxue, Shen Chong, Chen Xuemei, et al. An enhanced fusion strategy for reliable attitude measurement utilizing vision and inertial sensors[J]. Applied sciences-basel, 2019, 9(13):2656.

[122] Zhao Donghua, Liu Xiaochen, Zhao, HuiJun, et al. Seamless integration of polarization compass and inertial navigation data with a self-learning multi-rate residual correction algorithm[J]. Measurement, 2021, 170(108694).

读者调查表

尊敬的读者：

自电子工业出版社工业技术分社开展读者调查活动以来，收到来自全国各地众多读者的积极反馈，他们除了褒奖我们所出版图书的优点外，也很客观地指出需要改进的地方。您对我们工作的支持与关爱，将促进我们为您提供更优秀的图书。您可以填写下表寄给我们，也可以给我们电话，反馈您的建议。我们将从中评出热心读者若干名，赠送我们出版的图书。谢谢您对我们工作的支持！

姓名：__________　　性别：□男　□女　　年龄：__________　　职业：______________

电话（手机）：__________________　　E-mail：______________________________

传真：______________　　通信地址：________________________　　邮编：______________

1．影响您购买同类图书的因素（可多选）：

□封面封底　□价格　□内容简介、前言和目录　□书评广告　□出版社名声

□作者名声　□正文内容　□其他________________________

2．您对本图书的满意度：

从技术角度	□很满意	□比较满意	□一般	□较不满意	□不满意
从文字角度	□很满意	□比较满意	□一般	□较不满意	□不满意
从排版、封面设计角度	□很满意	□比较满意	□一般	□较不满意	□不满意

3．您选购了我们的哪些图书？主要用途？______________________________________

4．您最喜欢我们的哪本图书？请说明理由。

____

5．目前您在教学中使用的是哪本教材？（请说明书名、作者、出版年、定价、出版社。）有何优缺点？

____

6．您的相关专业领域中所涉及的新专业、新技术包括：

____

7．您感兴趣或希望增加的图书选题有：

____

8．您所教课程主要参考书？（请说明书名、作者、出版年、定价、出版社。）

____

邮寄地址：北京市丰台区金家村288#华信大厦电子工业出版社工业技术分社

邮编：100036　　电话：18614084788　E-mail：lzhmails@phei.com.cn

微信ID：lzhairs/18614084788　联系人：刘志红